Resolução de problemas
nas aulas de matemática
O RECURSO
PROBLEMATECA

Organizadoras
Katia Cristina Stocco Smole
Doutora em Educação, área de Ciências e Matemática pela FE-USP

Maria Ignez de Souza Vieira Diniz
Doutora em Matemática pelo Instituto de Matemática e Estatística da USP

Autoras
Maria Adelaide de Castro Bonilha
Licenciada e Bacharel em Matemática pela Unesp – Rio Claro

Sonia Maria Pereira Vidigal
Mestre em Educação, área de Ciências e Matemática pela FE-USP

Aviso
A capa original deste livro foi substituída por esta nova versão. Alertamos para o fato de que o conteúdo é o mesmo e que a nova versão da capa decorre da adequação ao novo layout da Coleção Mathemoteca.

R434   Resolução de problemas nas aulas de matemática : o recurso problemateca / Autoras, Maria Adelaide de Castro Bonilha, Sonia Maria Pereira Vidigal ; Organizadoras, Katia Stocco Smole, Maria Ignez Diniz. – Porto Alegre : Penso, 2016.
103 p. il. color. ; 23 cm. – (Coleção Mathemoteca ; v. 6).

ISBN 978-85-8429-080-2

1. Matemática – Práticas de ensino. I. Bonilha, Maria Adelaide de Castro. II. Vidigal, Sonia Maria Pereira. III. Smole, Katia Stocco. IV. Diniz, Maria Ignez.

CDU 51:37

Catalogação na publicação: Poliana Sanchez de Araujo – CRB 10/2094

ORGANIZADORAS
Katia Stocco Smole
Maria Ignez Diniz

Resolução de problemas
nas aulas de matemática

O RECURSO PROBLEMATECA

Autoras
Maria Adelaide de Castro Bonilha
Sonia Maria Pereira Vidigal

2016

© Penso Editora Ltda., 2016

Gerente editorial: *Letícia Bispo de Lima*

Colaboraram nesta edição

Editora: *Priscila Zigunovas*
Assistente editorial: *Paola Araújo de Oliveira*
Capa: *Paola Manica*
Projeto gráfico: *Juliana Silva Carvalho/Atelier Amarillo*
Editoração eletrônica: *Kaéle Finalizando Ideias*
Ilustrações: *Ivo Minkovicius*

Reservados todos os direitos de publicação à PENSO EDITORA LTDA., uma empresa do GRUPO A EDUCAÇÃO S.A.
Av. Jerônimo de Ornelas, 670 - Santana
90040-340 - Porto Alegre - RS
Fone: (51) 3027-7000 Fax: (51) 3027-7070

Unidade São Paulo
Av. Embaixador Macedo Soares, 10.735 - Pavilhão 5 - Cond. Espace Center
Vila Anastácio - 05095-035 - São Paulo - SP
Fone: (11) 3665-1100 Fax: (11) 3667-1333

SAC 0800 703-3444 - www.grupoa.com.br

É proibida a duplicação ou reprodução deste volume, no todo ou em parte, sob quaisquer formas ou por quaisquer meios (eletrônico, mecânico, gravação, fotocópia, distribuição na Web e outros), sem permissão expressa da Editora.

IMPRESSO NO BRASIL
PRINTED IN BRAZIL

Apresentação

Professores interessados em obter mais envolvimento de seus alunos nas aulas de matemática sempre buscam novos recursos para o ensino. Os materiais manipulativos constituem um dos recursos muito procurados com essa finalidade.

Desde que iniciamos nosso trabalho com formação e pesquisa na área de ensino de matemática, temos investigado, entre outras questões, a importância dos materiais estruturados.

Com esta Coleção, buscamos dividir com vocês, professores, nossa reflexão e nosso conhecimento desses materiais manipulativos no ensino, com a clareza de que nossa meta está na formação de crianças e jovens confiantes em suas habilidades de pensar, que não recuam no enfrentamento de situações novas e que buscam informações para resolvê-las.

Nesta proposta de ensino, os conteúdos específicos e as habilidades são duas dimensões da aprendizagem que caminham juntas. A seleção de temas e conteúdos e a forma de tratá-los no ensino são decisivas; por isso, a escolha de materiais didáticos apropriados e a metodologia de ensino é que permitirão o trabalho simultâneo de conteúdos e habilidades. Os materiais manipulativos são apenas meios para alcançar o movimento de aprender.

Esperamos dar nossa contribuição ao compartilhar com vocês, professores, nossas reflexões, que, sem dúvida, podem ser enriquecidas com sua experiência e criatividade.

As autoras

Sumário

1 Matemática e resolução de problemas 9
Introdução 9
Outra concepção de resolução de problemas 11
Problemas convencionais e problemas não convencionais 14
    Os problemas convencionais 14
    Os problemas não convencionais 15

2 O recurso problemateca 17
Diferentes tipos de problemas 18
    Problemas sem solução 18
    Problemas com mais de uma solução 19
    Problemas com excesso de dados 20
    Problemas de lógica 22
    Problemas de estratégia 23
Para terminar 24

3 A problemateca 27
    Lógica 29
    Números e operações 47
    Espaço e forma e Medidas 65

4 Respostas 89
    Lógica 89
    Números e operações 92
    Espaço e forma e Medidas 96

Sugestões de leitura 100

Referências 102

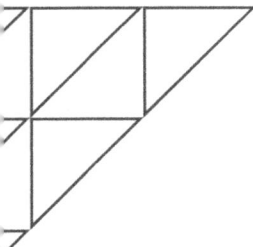

Matemática e resolução de problemas

Introdução

Matemática e resolução de problemas são duas ideias que sempre estão juntas. Não se concebe aprender matemática se não for para resolver problemas; por outro lado, resolver problemas necessariamente inclui alguma forma de pensar matemática. Mesmo os problemas diários ou profissionais exigem que os dados sejam analisados e que alguma estratégia seja pensada para sua resolução, que, depois de executada, precisa ser avaliada para verificação se, de fato, permitiu ou não chegar à solução da situação inicial.

Nas aulas de matemática, a resolução de problemas tem assumido ao longo do tempo diferentes papéis, dependendo da concepção que se tem de por que ensinar matemática e de como se acredita que seja ensinar e aprender.

Em uma dessas concepções, a resolução de problemas pode ser entendida como a meta do ensino de matemática. Nessa perspectiva, o ensino de matemática, seus conceitos, técnicas e procedimentos devem ser ensinados antes, para que depois o aluno possa resolver problemas. Tudo se passa como se o aluno precisasse possuir todas as informações e os conceitos envolvidos na situação-problema para depois poder enfrentá-la. Dito dessa forma, é possível perceber que, nessa concepção, a matemática é importante em si mesma, a resolução de problemas é uma consequência do saber matemático, e, ao resolver problemas, o aluno demonstra se de fato aprendeu ou não matemática. Essa foi a visão da resolução de problemas do denominado modelo tradicional de ensino e a forma predominante de ensino no Brasil até os anos 1960.

Há uma segunda maneira de se conceber a resolução de problemas como os processos de resolução, ou as formas de pensar que cada pessoa utiliza para resolver situações que apresentam alguma questão a ser respondida. Essa concepção sobre a resolução de problemas nasceu com os trabalhos de Polya (1978)[1] e teve maior importância nos anos 1960, quando educadores começaram a centrar sua atenção nos processos ou procedimentos usados pelos alunos para resolver problemas. Sob esse enfoque, o ensino tem, então, como foco as estratégias e os procedimentos utilizados para se chegar à resposta. A resposta em si torna-se menos relevante. Essa concepção de resolução de problemas baseia-se na crença de que, ao entender como se resolvem problemas, é possível ensinar a outros como fazê-lo. No ensino os problemas são classificados por tipos, dependendo da estratégia que os resolve, e recomendam-se esquemas de passos a serem seguidos para melhor resolver problemas. Ensinar como resolver problemas permitiria aprender formas de pensar características da matemática e, portanto, aprender matemática.

Mais recentemente, pela influência das pesquisas da psicologia cognitiva, a resolução de problemas passa a ser considerada competência básica do indivíduo, para que ele possa se inserir no mundo do conhecimento e do trabalho. Os currículos, já ao final da década de 1970 e durante os anos 1980, trazem indicações explícitas de que todos os alunos devem aprender a resolver problemas e são necessárias escolhas cuidadosas quanto às técnicas e aos problemas a serem usados no ensino. Nesta concepção, tanto os problemas mais tradicionais, envolvendo o conteúdo específico, quanto os diversos tipos de situações-problema e os métodos e estratégias de resolução são enfatizados para que se aprenda matemática.

Essas três concepções não se excluem, mas mostram diferentes sentidos do ensino de matemática e podem ser encontradas em currículos, materiais didáticos e orientações do ensino, uma com maior ou menor ênfase que outra.

Há ainda mais uma forma de se conceber a resolução de problemas, especialmente no Brasil, a partir dos anos 1990, quando ela é interpretada como uma metodologia para o ensino de matemática e descrita como um conjunto de orientações para o ensino tais como: usar um problema detonador ou desafio que possa desencadear o ensino e a aprendizagem de conhecimentos matemáticos; trabalhar com problemas abertos; usar a problematização ou formulação de problemas em projetos. Esta concepção está presente também em orientações mais amplas para o ensino de matemática que correspondem a linhas de pesquisa e de atuação da educação matemática, como é o caso da modelagem, da investigação e do ensino por projetos.

Nos Parâmetros Curriculares Nacionais (BRASIL, 1997, p. 32-33) encontramos um item que sugere alguns caminhos para "fazer matemática" na sala de aula, e um deles é o recurso à resolução de problemas baseando-se em alguns princípios:

- o ponto de partida da atividade matemática não é a definição, mas o problema. No processo de ensino e aprendizagem, conceitos, ideias e

---

[1] Dentre outras publicações de Polya, a mais difundida sobre resolução de problemas data de 1945 e tem como título *A arte de resolver problemas* (Rio de Janeiro: Interciências, 1977).

métodos matemáticos devem ser abordados mediante a exploração de problemas, ou seja, de situações em que os alunos precisem desenvolver algum tipo de estratégia para resolvê-las;

• o problema certamente não é um exercício em que o aluno aplica, de forma quase mecânica, uma fórmula ou um processo operatório. Só há problema se o aluno for levado a interpretar o enunciado da questão que lhe é posta e a estruturar a situação que lhe é apresentada;

• aproximações sucessivas ao conceito são construídas para resolver um certo tipo de problema; num outro momento, o aluno utiliza o que aprendeu para resolver outros, o que exige transferências, retificações, rupturas, segundo um processo análogo ao que se pode observar na história da Matemática;

• o aluno não constrói um conceito em resposta a um problema, mas constrói um campo de conceitos que tomam sentido num campo de problemas. Um conceito matemático se constrói articulado com outros conceitos, por meio de uma série de retificações e generalizações;

• a resolução de problemas não é uma atividade para ser desenvolvida em paralelo ou como aplicação da aprendizagem, mas uma orientação para a aprendizagem, pois proporciona o contexto em que se pode apreender conceitos, procedimentos e atitudes matemáticas.

Aqui se evidencia a ruptura com a concepção da resolução de problemas como aplicação do conhecimento matemático ou como conjunto de estratégias para se ensinar a resolver problemas, o que nos permite inferir que a resolução de problemas de acordo com os PCNs de 1997 para o ensino fundamental é uma competência que se espera desenvolver em todos os alunos e que está entrelaçada à aprendizagem de matemática.

Outra concepção de resolução de problemas

Da influência de todas essas concepções e da pesquisa em ação na formação de professores e na observação de alunos nas aulas de matemática que desenvolvemos nas últimas décadas vamos tentar definir outro entendimento da resolução de problemas. Para evitar a redução dessa nova abordagem às já existentes, vamos denominá-la **Perspectiva Metodológica da Resolução de Problemas**.

Nessa perspectiva, a resolução de problemas é uma forma de organizar o ensino que envolve mais que aspectos puramente metodológicos, incluindo toda uma concepção frente ao que é ensinar e, consequentemente, do que significa aprender, e uma compreensão de por que ensinar matemática. Para além de uma simples metodologia ou conjunto de orientações didáticas, a resolução de problemas é uma postura pautada pela investigação e pelo inconformismo, ou, como vamos explicar mais adiante, pela problematização.

Mas antes disso é preciso ampliar o conceito que se tem de problema. Assumimos como pressuposto que problema é toda situação que não possui solução evidente e que exige que o resolvedor combine seus conhecimentos e se decida pela forma de usá-los em busca da solução.

Isso significa romper com a visão limitada de problemas que podem ser chamados de convencionais e que são os que tradicionalmente são propostos aos alunos depois do estudo de um conteúdo ou de uma técnica.

Dessa forma, a primeira característica da Perspectiva Metodológica da Resolução de Problemas é considerar como problema toda situação que permita alguma problematização.

Essas situações podem ser atividades bem diversas, por exemplo, jogos, busca e seleção de informações, construções geométricas, resolução de problemas não convencionais e até mesmo convencionais,[2] desde que permitam o processo investigativo.

A segunda característica da Perspectiva Metodológica da Resolução de Problemas é a problematização. Vamos explicar melhor. A resolução de problemas tradicional está centrada em apenas duas ações: o professor ou o texto didático propõem problemas e os alunos devem resolvê-los. Obtida a resposta esperada, é possível passar ao próximo problema e considerar que os alunos aprenderam o que o problema exigia em sua resolução. Na Perspectiva Metodológica de Resolução de Problemas, inserimos mais duas ações: questionar as respostas obtidas e questionar a própria situação inicial.

Assim, resolver uma situação-problema não significa apenas a compreensão do que é exigido, aplicar as técnicas ou fórmulas adequadas e obter a resposta correta, mas investigar a questão resolvida, questionando-se: essa é a única resposta possível para o problema? Só há uma forma para resolver essa questão? Se há duas ou mais formas de resolução, quais as semelhanças ou diferenças entre elas? O que acontece se alterarmos um ou mais dos dados da questão? Todos os dados são essenciais para a resolução? É possível obter outras informações dessa situação e dos dados apresentados?

Nem todos esses questionamentos cabem em qualquer situação-problema, mas é assim que se inicia com os alunos o "processo investigativo", problematizando. O processo de resolução ganha tanta importância quanto a resposta e, sempre que possível, há incentivo para que os alunos procurem por soluções diferentes. Assim, provoca-se uma análise mais qualitativa da situação-problema quando são discutidos: as soluções, os dados e, finalmente, a própria questão dada.

Nesse processo investigativo, passam a ter valor atitudes naturais do aluno que não encontram espaço dentro do modelo tradicional de ensino, como é o caso da curiosidade e da confiança em suas próprias ideias.

As boas perguntas, que levam a questionar as soluções e a situação-problema em si, vão exigir muitas vezes que o resolvedor volte à atividade realizada. É como se cada nova pergunta exigisse pensar novamente sobre toda a situação e até mesmo sobre o que o próprio aluno fez.

Como podemos perceber, na Perspectiva Metodológica de Resolução de Problemas, a essência está em saber problematizar,

---

2 Os problemas não convencionais serão tratados mais adiante neste texto.

obviamente em função dos objetivos que se espera alcançar com a situação proposta aos alunos.

Na prática da resolução de problemas é essencial o planejamento da escolha das situações-problema e das possíveis perguntas que levarão à reflexão e análise da questão. Isso determina a terceira característica da Perspectiva Metodológica da Resolução de Problemas: a não separação entre conteúdo e metodologia. Isto é, não há método de ensino sem que esteja sendo trabalhado algum conteúdo, e todo conteúdo solicita uma ou mais formas adequadas de abordagem para alcançar a aprendizagem.

Assim, as problematizações devem ter como objetivo alcançar a aprendizagem de algum conteúdo porque contêm questões que merecem ser respondidas.

No entanto, é importante deixar claro que compreendemos como conteúdo não apenas os conceitos e propriedades matemáticos, mas também as habilidades de pensamento envolvidas no processo de resolução. Essas habilidades são o reconhecimento da situação como um problema, análise dos dados em função do que se quer responder, estabelecimento de estratégia e alocação dos recursos necessários para implementar essa estratégia, tomada de decisão e execução, assim como avaliação da resposta obtida para, eventualmente, saber reconhecer erros ou faltas e recomeçar o processo de resolução.

Algumas atitudes também estão em jogo no processo de resolução e investigação proposto aqui, dentre elas a perseverança na busca da resposta e confiança em sua própria forma de pensar (BRASIL, 1997, COLL et al., 1996, 1997).

Como afirma Diniz (2001, p. 95):

> Nessa perspectiva temos constatado que não importa se a situação a ser resolvida é aplicada, se vai ao encontro das necessidades ou interesses do aluno, se é lúdica, ou aberta, o que podemos afirmar é que a motivação do aluno está em sua percepção de estar se apropriando ativamente do conhecimento, ou seja, a alegria de conquistar o saber, de participar e aprender ideias e procedimentos gera o incentivo para aprender e continuar a aprender.

Na prática, trabalhar na Perspectiva Metodológica da Resolução de Problemas requer diversificar as formas e organizações dos alunos em sala e é preciso construir estratégias e recursos de ensino novos, para que com os alunos se estabeleça um ambiente de produção ou de re-produção do saber.

Neste livro vamos detalhar um desses recursos, que é a **problemateca**, mas antes vamos analisar melhor os problemas que denominamos não convencionais.

Problemas convencionais e problemas não convencionais

Os problemas convencionais

O modelo tradicional de ensino teve como prática apenas os problemas que denominaremos convencionais e que se caracterizam por:
- o texto do problema ser composto por frases, diagramas ou parágrafos curtos;
- o problema ser proposto após a apresentação de determinado conteúdo;
- todos os dados de que o resolvedor necessita aparecerem explicitamente no texto;
- a resolução depender da aplicação direta de um ou mais cálculos ou aplicação de procedimento já apresentado ao resolvedor;
- a resolução seguir os seguintes passos: transformar as informações do problema em linguagem matemática, identificar que operações são apropriadas e mostrar a solução;
- ser essencial encontrar a resposta correta, que existe e é quase sempre única.

Exemplos de problemas convencionais existem em grande quantidade nos livros didáticos e são apresentados sempre relacionados a um conteúdo específico. Problemas que se resolvem por adição após o estudo da adição, problemas sobre medidas de comprimento após o estudo dessas medidas e assim por diante.

Segundo Diniz (2001, p. 89):

> Quando adotamos os problemas convencionais como único material para o trabalho com resolução de problemas na escola, podemos levar o aluno a uma postura de fragilidade e insegurança frente a situações que exijam algum desafio maior. Ao se deparar com um problema no qual o aluno não identifica o modelo a ser seguido só lhe resta desistir ou esperar a resposta de um colega ou do professor. Muitas vezes ele resolverá o problema mecanicamente, sem ter entendido o que fez e sem confiar na resposta obtida, sendo incapaz de verificar se a resposta é ou não adequada aos dados apresentados ou à pergunta feita no enunciado.

Outro aspecto importante gerado pelo trabalho apenas com os problemas convencionais são as más concepções que os alunos desenvolvem em relação a resolver problemas. Essa pesquisa tem origem com Borasi (1993), que identificou algumas dessas formas indesejáveis de pensar nos alunos sobre o que significa aprender e resolver problemas. As más concepções, segundo essa pesquisadora, se revelam muitas vezes nas falas dos alunos, assim:

- Não vale a pena gastar muito tempo para resolver um problema, se a solução não pode ser encontrada rapidamente é porque eu não sei resolvê-lo.

- Se eu cometi um erro devo desistir e começar tudo de novo, não adianta tentar entender o porquê do erro.
- Há sempre uma maneira certa de resolver um problema, mesmo quando há várias soluções uma delas é a correta.
- Aprender a resolver problemas é uma questão de esforço e prática, eu aprendo tomando notas, memorizando todos os passos de uma sequência correta e praticando.
- Um bom professor não deve me deixar confuso. É responsabilidade do professor orientar o que devo fazer, pois isso é ensinar.

Não basta saber que o ensino pautado pelos problemas convencionais gera essas crenças, nem significa romper com esses problemas, tampouco basta propor problemas interessantes, é preciso, sim, diversificar os tipos de problemas que se propõem, mas é igualmente importante estabelecer um ambiente de aprendizagem em que o aluno se perceba como ser pensante e produtor de seu próprio conhecimento.

Bons problemas, situações próximas à realidade do aluno, temas motivadores favorecem a aprendizagem e o envolvimento do aluno, mas é em uma sala de aula na qual o aluno possa se expressar falando, trocando opiniões, argumentando em favor de suas ideias, ao escrever ou representar suas descobertas e conclusões, que ele poderá se sentir valorizado por possuir interlocutores e leitores para suas produções, que considerem toda ideia como válida na busca de uma resolução.

Os problemas não convencionais

O objetivo ao selecionar outros problemas além dos convencionais é que os alunos não consolidem crenças inadequadas sobre o que é problema, o que é resolver problemas e, consequentemente, sobre o que é pensar e aprender em matemática.

Os problemas não convencionais são aqueles que rompem com as características de um problema convencional, como foram descritas anteriormente. Problemas não necessariamente relacionados a um conteúdo específico, problemas com várias soluções, problemas com excesso de informações e aqueles apresentados com diferentes tipos de textos permitem ao aluno desenvolver sua capacidade de leitura e análise crítica, pois, para resolver a situação proposta, é necessário voltar muitas vezes ao texto para lidar com os dados e analisá-los, selecionando os que são relevantes e descartando os supérfluos.

Problemas que não possuem solução evidente ou para os quais o aluno não sabe de antemão que conteúdo deve usar exigem que ele planeje o que fazer, como fazer, e, ao encontrar uma resposta, é preciso verificar se ela faz sentido. O aluno naturalmente abandona a passividade e adquire uma postura diferenciada frente à resolução de problemas.

Por isso é importante que o professor conheça diferentes tipos de problemas que podem ser propostos aos alunos e quais são as características de cada tipo para propô-los da forma mais adequada.

O recurso problemateca

Uma coletânea de problemas não convencionais é o que denominamos **problemateca**.

Como o objetivo é oferecer aos alunos a possibilidade de resolverem problemas que exigem a elaboração de estratégias não convencionais para sua resolução, a problemateca pode ser utilizada de duas formas.

Como um arquivo de problemas do professor, há pelo menos três formas diferentes de organização dos alunos para a utilização dos problemas da problemateca.

A primeira delas é a seleção pelo professor de um ou dois problemas para serem resolvidos por todos os alunos em uma aula. Individualmente ou em duplas, os alunos têm um tempo para pensar e resolver os problemas e, em seguida, há uma aula coletiva em que todos podem apresentar e debater as resoluções.

A segunda forma de utilização é nos momentos de trabalho diversificado. Nesse caso, os problemas são organizados em uma caixa ou fichário com fichas numeradas contendo um problema em cada uma e a resposta no verso, para utilização direta dos alunos que terminaram suas tarefas coletivas, cada um em seu ritmo. Nessa segunda versão, os alunos podem procurar problemas para resolver ou utilizar aqueles indicados pelo professor, anotando no caderno o número da ficha, os dados do enunciado e a resolução. A resposta no verso da ficha facilita a autocorreção e favorece o trabalho independente.

Os problemas mais complexos, que exigem mais tempo, podem ser trabalhados na terceira versão da problemateca, que é na forma de um "problema da semana". Ou seja, esse problema é proposto aos alunos e eles têm o tempo de uma semana para resolvê-lo. As resoluções são discutidas somente após esse tempo e, antes dessa aula, as produções dos alunos podem ser afixadas em um mural da sala, para que um possa ver a resolução do outro, ou entregues ao professor que analisa aquelas que merecem discussão mais aprofundada, sempre no sentido de gerar aprendizagem para todos.

Pela importância que esta proposta tem na comunicação em sala de aula, as fichas da problemateca podem ser resolvidas em duplas, em grupos ou individualmente. Espera-se, com isso, dar aos alunos a clareza de que o objetivo é a promoção de sua autonomia; assim eles tentarão resolver os problemas sozinhos ou com seu grupo antes de buscar no professor ajuda para as possíveis dúvidas encontradas.

De tempos em tempos, a coleção de problemas deve ser avaliada, excluindo-se problemas muito difíceis ou fáceis demais e aqueles que não motivaram os alunos; também é possível a inclusão de novos problemas, alguns deles coletados ou elaborados pelos próprios alunos.

A problemateca pode ter também uma versão virtual. Um banco de problemas no computador torna a escolha e a troca de problemas muito mais rápidas, o que permite constante atualização do acervo.

Os problemas são todos não convencionais, ou seja, não têm solução evidente, nem sempre se resolvem com uma conta ou algoritmo; podem ter mais de uma resposta correta ou não terem resposta possível. A resolução pode ser feita com esquemas, desenhos, cálculos escritos ou mentais, dependendo dos procedimentos utilizados pelo aluno em busca da resolução. Por isso, quando um aluno resolve determinado problema, é importante que ele explique como pensou; assim, o professor saberá se seus objetivos foram alcançados.

Com base na exploração desses problemas o professor pode usar a problematização para que os alunos confrontem opiniões, reflitam sobre a finalidade, adequação e utilização dos dados apresentados no texto, interpretando e analisando com mais atenção cada problema.

A seguir vamos descrever alguns dos tipos de problemas que se encontram na problemateca apresentada neste livro. Como foi dito, conhecer os tipos e as finalidades permite ao professor planejar a melhor forma de, ao longo do ano, propor esses problemas para que os alunos tenham oportunidade de desenvolver diferentes estratégias de pensamento para a resolução de problemas.

Diferentes tipos de problemas

Não pretendemos uma classificação final, nem que esgote todas as formas que um problema não convencional pode ter. Essa organização visa apenas auxiliar o professor na escolha e no planejamento de quais situações-problema ele pode propor a seus alunos no sentido de se aproximar da perspectiva da resolução de problemas como buscamos descrever neste texto.

Problemas sem solução

Esse tipo de problema evita que se estabeleça nos alunos a concepção de que os dados que estão no problema devem ser usados na resolução e de que todo problema tem solução. Além disso, ajuda a desenvolver no aluno a habilidade de aprender a duvidar, que faz parte do pensamento crítico.

Um exemplo:

> Para fazer um tratamento dentário, Carla irá ao dentista duas vezes por semana e, em cada consulta, ficará uma hora. Quanto irá durar o tratamento?

Nesse caso, o problema não tem solução porque falta a informação de quantas semanas vai durar o tratamento de Carla.

Outro exemplo:

> Qual é o número entre 100 e 999 que, se adicionarmos a ele 10, todos os algarismos do resultado serão diferentes dos algarismos do número inicial?

Esse número não existe porque, ao somarmos 10 a qualquer número, o algarismo das unidades não se altera.

Na problemateca proposta no capítulo 3, são exemplos desse tipo de problema aqueles de número 57 e 84.

Uma forma de obter esse tipo de problema é retirar um ou mais dados de um problema convencional.

Problemas com mais de uma solução

Para romper com a crença de que todo problema tem uma única resposta e que, mesmo quando há várias soluções, uma delas é a correta, os problemas com duas ou mais soluções fazem com que o aluno perceba que resolver problemas é um processo de investigação, do qual ele participa e em que pode produzir soluções diferentes daquelas encontradas por seus colegas.

Um exemplo:

> Pedro e seu irmão ganharam 6 brinquedos. Quantos brinquedos Pedro ganhou?

As possibilidades de resposta são: 1, 2, 3, 4 ou 5 brinquedos para Pedro. Há ainda a possibilidade de Pedro não ter recebido nenhum brinquedo ou ter ganho todos os 6; no entanto, o texto sugere que os dois irmãos receberam presentes, o que elimina essas duas últimas possibilidades.

Outro exemplo:

> O perímetro de um retângulo é igual a 16 cm e os valores das medidas dos lados desse retângulo são números inteiros. Qual é a área desse retângulo?

As medidas dos lados do retângulo podem ser, em centímetros, iguais a: 1 e 7, ou 2 e 6, ou 3 e 5, ou 4 e 4. Assim, a área pode ser igual a: 7, 12, 15 ou 16 centímetros quadrados.

A obtenção de planificações de poliedros e vários problemas que exigem alguma construção geométrica têm, em geral, várias soluções. Por exemplo:

> Encontre três planificações diferentes para um prisma de base triangular.

As possíveis soluções desse problema são:

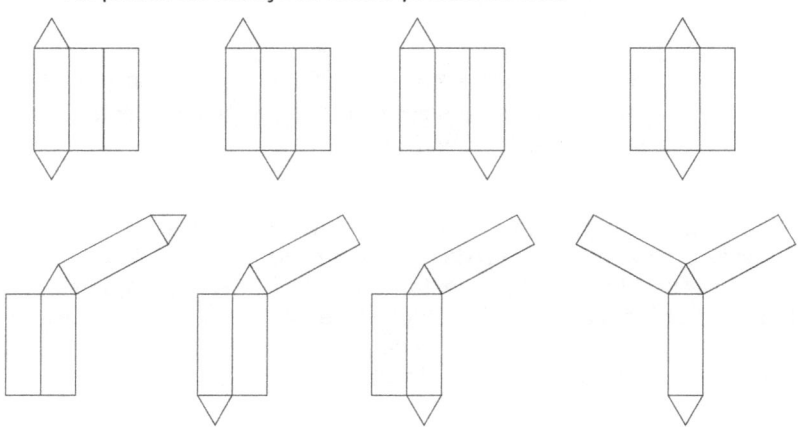

Nessa categoria de problemas encontram-se aqueles mais adequados aos anos iniciais, incluindo-se a Educação Infantil, que são simulações da realidade. Esses problemas apresentam ao aluno uma situação que pode ser real, próxima à vivência da criança, e que permite várias soluções, umas mais adequadas que outras, mas sempre mais do que uma delas.

Um exemplo é o seguinte:

> Heleninha tem uma cachorrinha chamada Lilica que fica muito triste toda vez que Helena vai para a escola. Se você fosse Helena, o que faria?

Na problemateca proposta no capítulo 3, outros exemplos de problemas com várias soluções são os de número 68, 72, 73, 94, 126 e 139.

Alguns problemas convencionais podem ser transformados nesse tipo de problema retirando-se alguma condição entre os dados.

Problemas com excesso de dados

Esses são problemas com informações desnecessárias à resolução.

Esse tipo de problema impede que os alunos desenvolvam a crença de que um problema não pode permitir dúvidas e de que todos os dados do texto são necessários para sua resolução. Além disso,

evidencia ao aluno a importância de ler, fazendo com que ele aprenda a selecionar dados relevantes para a resolução de um problema.
Vejamos um exemplo:

> Ontem de manhã, tia Lúcia saiu de casa com 45 reais na carteira para receber sua aposentadoria. Chegou ao banco às 9 h 30 min e ficou na calçada esperando o banco abrir. Às 10 h, entrou e recebeu seu dinheiro. Antes de ir para casa, passou no supermercado e gastou 64 reais. No açougue, comprou carne e frango com 25 reais. Quando chegou em casa tinha 605 reais. Quanto tia Lúcia recebeu de aposentadoria?

Todos os dados relativos a horários e ao que foi comprado são informações desnecessárias. O problema se resolve adicionando-se 605 + 25 + 64 = 694 e subtraindo-se o que já estava na carteira: 694 – 45 = 649 reais, que deve ser o valor da aposentadoria de tia Lúcia.

Repare que esse problema pode ser resolvido com outras sequências de cálculos.

Outro exemplo:

> Durante as férias, o colégio fará uma pesquisa sobre a quantidade de livros que ficam nas classes. Observe as informações do gráfico e complete o texto.

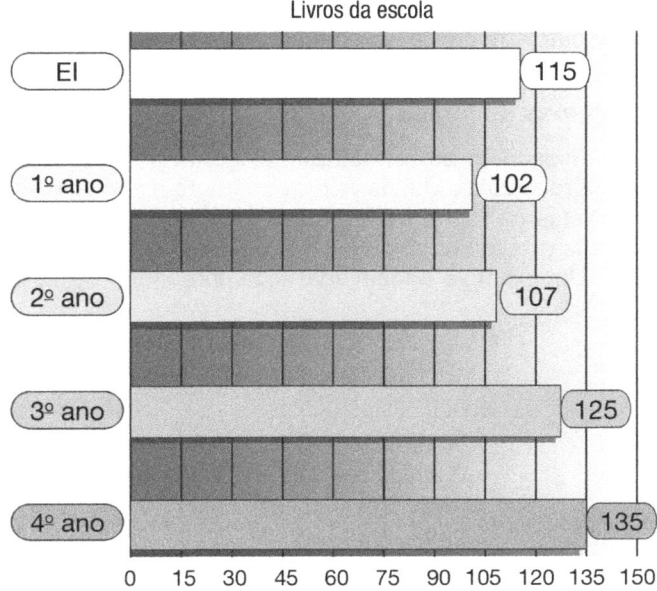

> A professora Fernanda contou quantos livros cada turma tem em sua biblioteca. Ela gostou do resultado, pois os alunos têm muitas opções de leitura. O .... é a turma com

mais livros: lá foram contados 135 livros. Com ....
livros, a sala do .... ficou em segundo lugar. Foi
possível perceber que as turmas dos anos iniciais têm
bibliotecas um pouco menores. As salas do 1º e 2º anos têm
ao todo .... livros.

Os dados devem ser selecionados do gráfico em função do que se quer responder e alguns deles, como as informações sobre os livros da Educação Infantil, não são necessários.
De acordo com Stancanelli (2001, p. 111):

> Esse tipo de problema se aproxima de situações mais realistas que o aluno terá que enfrentar em sua vida, pois na maioria das vezes os problemas que se apresentam no cotidiano não são propostos de forma objetiva e concisa. Nestes casos, o resolvedor terá que enfrentar, em geral, uma situação confusa, cheia de informações supérfluas que devem ser identificadas e descartadas.

Na problemateca proposta no capítulo 3, são exemplos desse tipo de problemas aqueles de número 58, 59 e 89.

Esse tipo de problema pode ser produzido acrescentando-se dados a um problema convencional. Problemas propostos a partir de dados em tabelas, gráficos, artigos de jornais ou revistas e anúncios de vendas também são problemas com excesso de informações.

Problemas de lógica

Esses são problemas que exigem o raciocínio lógico-dedutivo em sua resolução. Muitas vezes não contêm números em seus dados, mas pistas na forma de afirmações que, combinadas, devem levar à resposta do problema.

Um exemplo pode ajudar a compreender melhor:

> Três pessoas têm profissões diferentes. Eles têm preferência por alimentos e bebidas diferentes. Siga as pistas e depois responda às perguntas.
> - Paulo bebe leite e não é advogado.
> - O amigo de quem é motorista prefere refrigerante.
> - André não come *pizza* nem batatas fritas.
> - Sérgio é músico.
> - Quem come *pizza* bebe café.
>
> Quem prefere *pizza*?
> Quem bebe refrigerante?
> Quem é motorista?

Para resolver o problema é preciso algum registro – uma tabela, uma lista, um esquema; cada pessoa prefere uma forma para organizar os dados. A cada informação é preciso voltar às demais pistas do texto e combiná-las para deduzir algo sobre os personagens e suas preferências.

Como exemplo disso, no problema acima, é possível concluir, com base na informação de que Paulo bebe leite e quem come *pizza* bebe café, que Paulo não prefere *pizza*. Mas André também não come *pizza*; assim, resta Sérgio na preferência desse tipo de alimento. A resposta final ao problema é: Sérgio prefere *pizza*, André bebe refrigerante e Paulo é o motorista.

Problemas como esse permitem o desenvolvimento de operações de pensamento, como: previsão e checagem, levantamento de hipóteses, busca de suposições, análise e classificação. Além de envolver estratégias não convencionais para sua resolução, esses problemas, pelo curioso das histórias e pela sua estrutura, estimulam mais a análise dos dados, favorecem a leitura e interpretação do texto e, por serem motivadores, atenuam a pressão para se obter a resposta correta imediatamente.

As crenças de que todo problema exige cálculos ou aplicação de fórmulas e de que a resolução deve ser rápida não têm espaço quando se trabalha com esse tipo de problema. Além disso, eles naturalmente permitem que os alunos apresentem diferentes resoluções, o que favorece a argumentação e a ampliação do repertório dos alunos quando uns conhecem os registros das diversas soluções encontradas por seus colegas.

Esses problemas podem ser propostos desde os anos iniciais, com textos mais simples do que o do exemplo acima. Na problemateca do capítulo 3, os problemas de lógica são os numerados de 1 a 47.

Problemas de estratégia

Esse é um problema que, por si só, solicita uma estratégia para sua resolução e não um algoritmo. A solução desse tipo de problema depende de combinar as informações do texto de forma adequada e escolher alguma estratégia não convencional para sua resolução. Vejamos alguns exemplos.

Exemplo 1:

> Um elevador inicia sua descida no 16º andar, 2 das pessoas descem no 9º andar e sobem outras 3 pessoas; no 6º andar descem 4 pessoas e no 5º andar sobem 3 pessoas. Finalmente, em sua última parada antes do térreo, no 2º andar, desce 1 pessoa e sobem 3. No térreo descem as 7 pessoas que estavam no elevador. Quantas pessoas estavam no elevador no 16º andar, quando ele começou essa descida?

Exemplo 2:

> Numa festa estão 8 convidados e todos eles se cumprimentam com um abraço. Quantos abraços serão dados?

Exemplo 3:

Três policiais e 2 fugitivos da polícia precisam atravessar um rio; para isso eles têm apenas um pequeno barco que só pode levar 2 pessoas de cada vez. Em nenhum momento os fugitivos podem ficar sozinhos, no barco ou em alguma das margens do rio, mas todos sabem pilotar esse barco. Como fazer para que todos atravessem o rio?

Cada um desses problemas envolve uma estratégia diferente.

No primeiro exemplo, é preciso pensar **de trás para frente**, começando com as informações do final do texto. Um esquema ou desenho pode ajudar na resolução e chegar à resposta, que é: 6 pessoas estavam no elevador no 16º andar.

No problema dos abraços, pensar em uma **situação mais simples** pode ajudar a pensar a resolução com as 8 pessoas trocando abraços. Imagine se fossem 2 pessoas, 3 pessoas e assim por diante; ao descobrir a forma de contar os abraços é possível chegar à resposta, que é de 28 abraços.

No terceiro exemplo, é preciso organizar as idas e vindas dos policiais e fugitivos, seguindo as limitações da situação até encontrar uma forma de atravessar todas as pessoas. Uma possível solução é: Atravessam 2 policiais, um deles fica na outra margem e o outro retorna com o barco. Atravessam 1 policial e 1 fugitivo e retorna apenas o policial. Atravessam 1 policial e 1 fugitivo (o segundo) e retorna o policial para buscar finalmente 1 policial (o terceiro) e terminar a travessia.

Para terminar

Cada um dos tipos de problema apresentados neste livro são sugestões para apoiar o ensino nas aulas de matemática na Perspectiva Metodológica da Resolução de Problemas. No entanto, é preciso alguns cuidados porque não temos como objetivo treinar a resolução de problemas não convencionais, nem fazer dos alunos especialistas na resolução de problemas de determinado tipo; por isso não devemos trabalhar com os diversos tipos de uma só vez.

Sugerimos a resolução desses problemas ao longo de todo o curso de forma diversificada e pertinente. Um modo de fazer isso é planejar que os alunos resolvam um ou dois problemas não convencionais a cada semana, alternando os tipos de problemas. É importante que, antes da discussão coletiva, os alunos tenham tempo para pensar sobre o problema e tentar resolvê-lo por si mesmos.

Um ponto essencial é a discussão e análise das resoluções no coletivo da classe, pois é nesse momento que os alunos revelam suas aprendizagens, partilham seus registros e formas de pensar e, assim, ampliam seu repertório em termos de estratégias e formas de organizar a resolução de problemas.

Relembramos que a resolução dos problemas deve ser um momento de investigação, descoberta, prazer e aprendizagem. A diversidade de problemas tem também o objetivo de mudar a postura dos alunos frente à resolução de problemas, desmistificando as crenças descritas por Borasi (1993) como más concepções dos alunos e citadas anteriormente no capítulo 1.

Depois da apresentação da Perspectiva Metodológica da Resolução de Problemas e da importância dos diferentes tipos de problemas, esperamos contribuir com seu trabalho apresentando na sequência uma coletânea de problemas não convencionais que pode ser o início de sua problemateca.

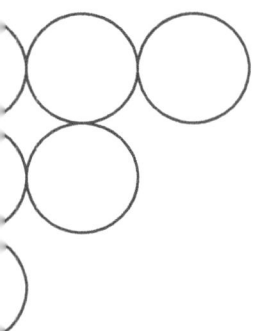

A problemateca

Apresentamos a seguir um conjunto de problemas não convencionais que podem orientar o começo de uma problemateca. Para facilitar a consulta e utilização desses problemas em sala de aula, eles foram organizados em três grandes blocos e em cada bloco se apresentam com a indicação do ano escolar mais adequado para sua aplicação.

Os blocos estão identificados com ícones, conforme abaixo:

Lógica

Números e operações

Espaço e forma e Medidas

No primeiro grupo estão aqueles problemas não relacionados a qualquer conteúdo específico de matemática, cujo objetivo é desenvolver nos alunos seu raciocínio lógico-dedutivo.

No bloco de Números e operações estão problemas que apresentam esse tema como foco maior, mas que obviamente exigem dos alunos diferentes formas de raciocínio, inclusive o lógico-dedutivo.

O mesmo acontece no terceiro bloco, no qual apresentamos problemas que envolvem algum conteúdo de Espaço e Forma ou de Grandezas e Medidas.

Essa categorização não é rígida nem inquestionável, mas pretendeu auxiliar o professor na escolha dos problemas de acordo com seus objetivos de ensino, sem se distanciar dos conteúdos que, usualmente, se tem como meta que os alunos aprendam.

Como foi sugerido no capítulo anterior, é importante planejar de modo que os alunos resolvam pelo menos um ou dois problemas não convencionais por semana e que os tipos de problemas se apresentem alternadamente. Lembramos que o professor não deve se preocupar com a quantidade, mas com a qualidade das discussões sobre as resoluções propostas pelos alunos, assim como não é o caso de treinar estratégias de resolução, mas de formar alunos pensantes, questionadores e confiantes em suas formas de pensar.

Os problemas foram numerados de 1 a 160 para que o professor possa montar sua problemateca na forma de fichas, cada uma contendo um problema, e possa controlar os problemas resolvidos pelos seus alunos, marcando o respectivo número da ficha.

As respostas a esses problemas se encontram no capítulo 4. Se o professor organizar os problemas em fichas, as respostas podem ser colocadas no verso de cada uma delas e o aluno poderá usá-las em momentos de trabalho diversificado, pois terá à mão a resposta para seu controle.

Lógica

Os problemas deste eixo exigem o raciocínio lógico-dedutivo em sua resolução e não necessariamente estão relacionados a um conteúdo específico de matemática.

Os dados dos problemas são na maioria das vezes apresentados como pistas na forma de afirmações que, combinadas, devem levar à resposta do problema.

A resolução, em geral, exige algum registro – uma tabela, uma lista, um esquema – para organizar os dados. A cada informação é preciso voltar às demais pistas do texto e combiná-las para deduzir algo que leve à resposta do problema.

PROBLEMATECA

1. Paulo, Luís e Rubens estavam brincando.
   Luís, o menino loiro, brincou sozinho.
   Paulo estava sem brinquedo.
   Descubra quem é cada menino.

A   B   C

2. Rogério tem três bichos de estimação. Um peixe, um gato e um cachorro. Eles são muito divertidos.

   - O peixe não se chama pituco.
   - O gato brinca muito com o tico.
   - O tuco nada o dia inteiro.

   Descubra o nome de cada bichinho.

3. Qual o nome de cada menina?

A   B   C

Lógica | 31

PROBLEMATECA

4. Três meninos ganharam balas quando foram almoçar na casa da avó.
   Depois que comeram algumas delas, eles ficaram com quantidades diferentes:
   • Carlos ficou com menos balas;
   • Roberto tinha uma bala a mais que eduardo.
   Qual é a caixinha de balas de cada um?

  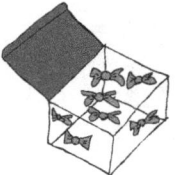

5. Luciana, Míriam e Carina foram comprar roupinhas para suas bonecas.
   Luciana não comprou nenhum calçado e Carina comprou uma roupa vermelha para a sua boneca.
   Qual o nome da boneca de cada menina?

Roupas da Boneca Lalá   Roupas da Boneca Babl   Roupas da Boneca Tetê

6. Descubra em qual quadrinho deve ficar cada uma das figuras abaixo.
   Nenhuma linha ou coluna pode ter figuras repetidas.

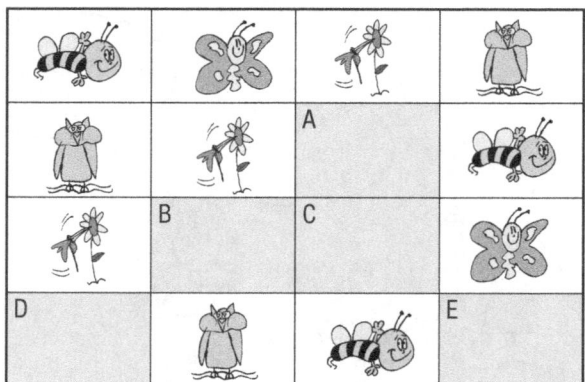 

PROBLEMATECA

7. A avó das meninas Cristina, Marta e Lúcia deu uma boneca para cada uma no dia das crianças. Lúcia ganhou uma boneca que não tinha avental. A boneca de Cristina tinha chapéu. Qual é a boneca de cada uma das crianças?

8. Fernando, Antônio e Felipe foram viajar para cidades diferentes:
   - Fernando não foi ao Rio de Janeiro.
   - Antônio foi a Brasília no mesmo dia em que seu melhor amigo viajou.

   Quem foi para Porto Alegre?

9. Edgar, Andrea e Fernando são irmãos. Na cômoda do quarto, cada um tem uma gaveta para guardar seus brinquedos.
   Fernando, que é o mais alto, ficou com a gaveta de cima.
   Os brinquedos de Andrea são guardados acima dos do Edgar.
   Qual é a gaveta de cada um dos irmãos?

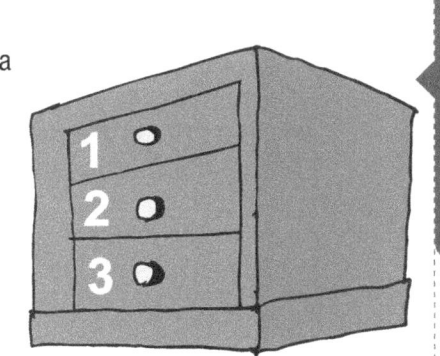

Lógica | 33

PROBLEMATECA

10. Descubra o que cada criança comeu na hora do lanche.

Eduardo: Não comi bolacha hoje.
Vera: Minha amiga comeu uma maçã.
Roberto: A menina que comeu bolo não está do meu lado esquerdo.
Cecília: O sanduíche de Eduardo tinha queijo.

11. A amiga de Lúcia tem um cachorro.
    Rute tem um gato.
    Andrea gosta muito de seu animal de estimação.
    Cada menina tem somente um animal em sua casa.
    Quem tem um peixe?

12. Cristina, Edgar, Lúcia e Marta são irmãos.
    Edgar é o caçula.
    Cristina é dois anos mais velha que Marta.
    Lúcia é cinco anos mais moça que Cristina.
    Qual a idade de cada um deles?

NOME	IDADE
...	11 ANOS
...	9 ANOS
...	6 ANOS
...	4 ANOS

13. Em cada caixa de quebra-cabeça falta apenas uma peça.
    Qual é a peça que deve ser colocada em cada uma das caixas?

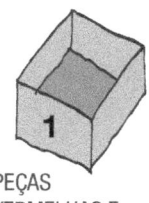
1
PEÇAS VERMELHAS E AZUIS

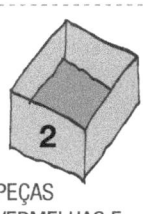
2
PEÇAS VERMELHAS E VERDES

3
PEÇAS AMARELAS E AZUIS

---

14. Cada desenho está no lugar de um número diferente.
    Descubra os números representados pelos desenhos.

🏳 + ✂ = 6	🏳 + ✈ = 7
✈ = 3	✂ + ✂ = 🏳

---

15. Em um concurso de cachorros, os juízes ficaram muito indecisos, pois todos eram muito parecidos.

    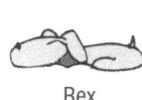
Bob Fifi Totó Caco Rex

Observe as dicas e complete o quadro com a classificação dos cinco finalistas do concurso.
- O cachorro que ficou deitado classificou-se em último lugar.
- Ganhou o primeiro prêmio o único cachorro que assobiava.
- O cachorro de coleira azul ficou em terceiro lugar, mas o de coleira verde ficou melhor colocado do que ele no concurso.

1º LUGAR	
2º LUGAR	
3º LUGAR	
4º LUGAR	
5º LUGAR	

PROBLEMATECA

16. As amigas Antônia, Camila, Bruna e Beatriz têm motocicletas de brinquedo. Elas colocaram placas em suas motos. Observe cada placa e descubra de quem são as motocicletas.

17. A filha do meu irmão tem um filho.
Qual o parentesco que o filho da filha do meu irmão tem com o meu irmão?

18. Descubra o nome de cada menino e a sua altura. Caio é o mais alto de todos, com 159 centímetros. Pedro tem cabelos pretos e mede 9 centímetros a menos que Caio. César tem 3 centímetros a mais que Daniel. O menino mais baixo tem 145 centímetros.

PROBLEMATECA

19. Três amigos, Felipe, João e Marcos, trouxeram flores para suas mães.
A mãe de João ganhou uma rosa, Adriana ganhou margaridas e Lucila disse à mãe de Felipe que ganhou uma orquídea. Qual flor ganhou a mãe de Felipe?

20. Cinco amigas foram a um acampamento e dormiram no mesmo quarto.
Os lençóis das camas de Gabriela e Beatriz eram azuis. Patrícia tinha um lençol diferente de todas as outras meninas. Ana dormiu entre Patrícia e Beatriz. Em qual cama dormiu Mariana?

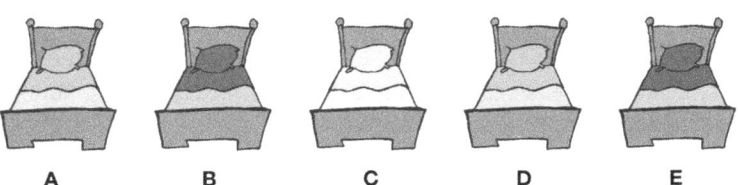

A   B   C   D   E

21. Descubra o nome de cada criança e o esporte que pratica.
 - Edgar treina tênis quatro vezes por semana.
 - Fernando adora futebol.
 - Cristina dança balé desde 5 anos.
 - Lúcia faz alpinismo.

A   B   C   D

22. Renata, Regina, Marina e Lia estavam jogando baralho em duplas.
Em nenhuma dupla o nome das meninas começava com a mesma letra.
Lia não jogou com Regina, que ficou muito triste quando acabou o jogo.
Quais eram as duplas?

PROBLEMATECA

23. Descubra quem é o aniversariante!
    - Seu cabelo é escuro.
    - Sua camiseta tem uma única cor.
    - Não é uma menina.
    - Ele não usa verde.

24. Cada desenho representa um número diferente. Descubra o número que cada desenho representa.

🕐 + ☺ = ✏️	☺ + ☎ = 🕐
📖 + ✍ = 15	✍ + ✍ = ☺
📖 + ☎ = 17	☎ = 8

25. No 3º ano A, as crianças precisavam formar grupos para fazer a maquete do bairro onde a escola se encontra. Cada grupo teria 3 alunos, mas somente um deles seria o apresentador do trabalho.
    Carlos, Bárbara, Pedro, Jorge e Luísa estavam discutindo para formar um dos grupos, mas havia as seguintes restrições:
    - O grupo não poderia ser formado apenas por crianças do mesmo sexo.
    - Luísa e Carlos não poderiam ficar no mesmo grupo.
    - A professora pediu que Bárbara ajudasse Luísa nesse trabalho.
    - Pedro não quis ficar no mesmo grupo que Bárbara.
    - O grupo escolheu um menino para apresentar a maquete.

    Quais crianças formaram esse grupo? Quem foi o apresentador?

26. Gisele, Marita, Sandra e Sílvia são primas, mas cada uma delas mora em uma cidade diferente. Nenhuma tem a mesma profissão.
Complete o quadro com o nome e a profissão de cada uma.
- A advogada mora em Cuiabá.
- Sílvia mora em Recife.
- Sandra é desenhista, mas não mora em Manaus.
- Gisele não é advogada nem professora.
- A psicóloga mora em Manaus.

NOME	CIDADE	PROFISSÃO
...	Manaus	...
...	Cuiabá	...
...	Porto Alegre	...
...	Recife	...

27. Fábio pensou em um desses números:

312, 213, 24, 80, 109, 414, 878

Tente descobrir em qual número ele pensou.
1. O número é maior que 200.
2. O número é par.
3. A divisão desse número por 3 é exata.
4. O algarismo da centena é igual ao algarismo da unidade.

28. Gisele é mais nova que Paulo e é mais velha que Roberto.
Regina é mais nova que Paulo e mais velha que Gisele.
Roberto é mais velho que Júlio.

Escreva o nome dos irmãos na ordem decrescente, isto é, do mais velho para o mais moço.

PROBLEMATECA

29. Descubra qual fruta falta em cada quadrinho.
Nenhuma linha ou coluna pode ter frutas repetidas.

30. Everton, Jenifer, Janaína e Anderson estavam brincando com o jogo da memória de animais. Veja os pares que cada um já formou.

- Everton e Jenifer têm o mesmo número de pares.
- Janaína só fez pares com animais que voam.
- Anderson não tem nenhum animal que voa.
- Jenifer não conseguiu nenhum leão.

Quem tem um par de camelos?
E quem tem um par de cachorros?

31. João, Carlos, Eduardo, Fernando e Pedro estavam participando de uma corrida de carros.
Descubra a cor do carro de cada um e a posição em que eles chegaram.
- O carro amarelo chegou em terceiro lugar.
- João ficou em quinto lugar.
- O vencedor foi o dono do carro vermelho (esse carro não era de Carlos).
- Pedro chegou após o carro amarelo.
- Fernando tinha um carro azul.
- O carro verde chegou após o carro preto.

1º 2º 3º 4º 5º

32. Ana, Beatriz, Carlos, Denise, Eduardo e Flávia trabalharam cada um em uma barraca na Festa Junina. Descubra em qual barraca cada um ficou.
- Nenhuma pessoa ficou na barraca com a inicial do seu nome.
- Nas duas barracas centrais ficaram os homens.
- Denise distribuiu muitas varas de pescar para as crianças.
- Beatriz ficou na frente de Flávia.

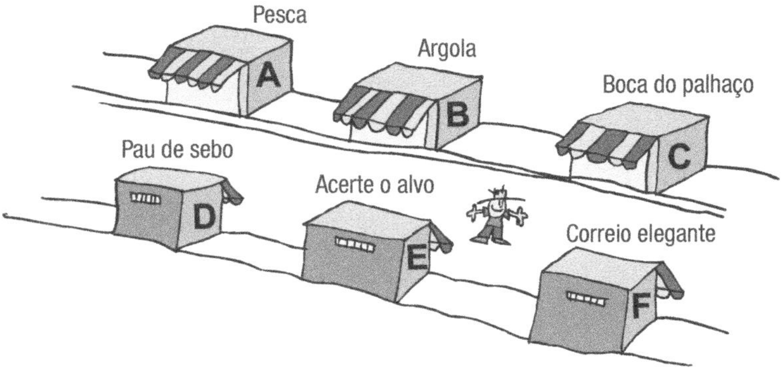

1º 2º 3º 4º 5º

33. Cada desenho do quadro representa um número diferente. Descubra qual o número equivalente a cada um dos desenhos.

🕮 + 🕮 → 500	❃ + ❃ → ☒
🕮 – 50 → ◆	☒ × ⅄ → 600
◆ × ⅄ → 200	☒ ÷ ✧ → ❃
◆ + ✷ → 200	⬢ + ⅄ → 1000

1º 2º 3º 4º 5º

PROBLEMATECA

34. Cada uma das meninas tem um animal de estimação, conforme ilustrado. Qual o nome de cada menina e o seu animal de estimação?

- MEU ANIMAL NADA, MAS EU NÃO ME CHAMO VANESSA.
- HELOÍSA E VANESSA SÃO MORENAS.
- JANICE TEM UM GATO.

35. Letícia precisava guardar seus livros na estante. Em cada prateleira caberia apenas mais um livro. Descubra qual livro ela guardou em cada prateleira.

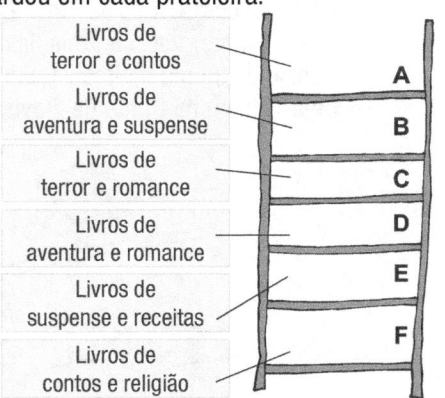

Livros: SUSPENSE, CONTOS, RELIGIÃO, TERROR, RECEITAS, AVENTURA

- A: Livros de terror e contos
- B: Livros de aventura e suspense
- C: Livros de terror e romance
- D: Livros de aventura e romance
- E: Livros de suspense e receitas
- F: Livros de contos e religião

36. Cada desenho do quadro representa um algarismo diferente. Descubra em que retângulo está escrito cada um dos números a seguir e o algarismo correspondente a cada um dos símbolos.

100 – 149 – 204 – 256 – 337 – 444 – 595 – 703 – 968

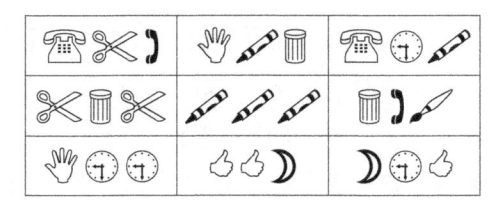

37. João, Luís Henrique e Carlos são irmãos. Eles possuem diferentes alturas.
João é maior do que Luís Henrique, que, por sua vez, é mais jovem do que Carlos, que é mais moço do que João.
Qual deles é o mais novo?

38. Eu sou um móvel, meu nome tem quatro letras.
Duas delas aparecem na palavra COLA.
Eu não tenho nenhuma das letras da palavra LOGO.
Outras duas letras de meu nome aparecem na palavra GOMA.
Eu estou com você toda noite.
Qual é o meu nome?

39. Descubra o nome de cada uma das meninas.

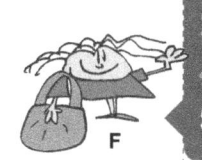

- Sônia tem uma bolsa.
- Alda, Lia e Vera não usam brinco.
- Regiane e Lia usam colar.
- Cecília, Sônia e Alda não usam boné.

40. Sou uma palavra de 6 letras.
Duas de minhas letras aparecem na palavra BALÉ.
Eu não tenho nenhuma letra da palavra LEITE.
Três de minhas letras aparecem na palavra SORTE.
Uma de minhas letras aparece na palavra MEL.
Eu sou uma coisa que acompanha qualquer pessoa, menos no escuro. Quem sou eu?

PROBLEMATECA

41. Seis crianças, Fernando, Pedro, Maurício, Isabel, Tânia e Bruna, gostam de comprar balas em uma loja que costuma guardá-las na mesma posição na prateleira. Descubra qual pote guarda a bala preferida de cada uma das crianças.
    - As balas de mel de que Fernando gosta não ficam na extremidade da prateleira.
    - As meninas têm suas balas guardadas na prateleira superior.
    - As balas de hortelã ficam entre as balas preferidas de Tânia e as balas de chocolate.
    - As balas de que Pedro mais gosta ficam no pote 4, embaixo das balas de uva.
    - As balas preferidas de Isabel ficam acima das balas de coco.
    - Bruna não gosta das balas de canela.

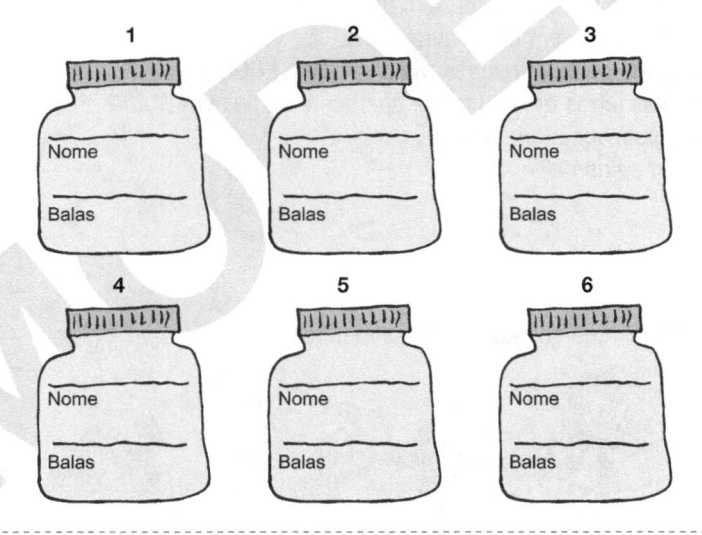

42. Seis veículos, de tipos e cores diferentes, estão alinhados, lado a lado, para um desfile.
    1. A bicicleta não tem nenhum veículo à sua direita e está logo depois do veículo azul.
    2. O caminhão não tem veículo algum à sua esquerda; ele está à esquerda do veículo de cor vermelha.
    3. A motocicleta está entre o veículo azul e o amarelo.
    4. A perua está entre o veículo amarelo e o verde.
    5. À direita do veículo azul está o veículo preto.
    6. A caminhonete está entre o veículo branco e o preto.
    7. O carro está entre o veículo branco e o vermelho.

    Descubra a ordem em que os veículos estão colocados e indique o tipo e a cor de cada um deles.

43. Renata e três amigas estão vendendo entradas para um *show* beneficente. Com base nas dicas a seguir, tente descobrir o nome completo de cada uma, o tipo de ingresso e a cor dos tíquetes que vendem.
1. Renata vendeu ingressos para cadeiras numeradas.
2. A sra. Santos vendia ingressos vermelhos, mas não era para as cadeiras numeradas.
3. A sra. Pereira vendeu ingressos para cadeiras de pista.
4. Maria Silva não vendia ingressos azuis.
5. Os ingressos verdes serviam para os camarotes.
6. Ana só vendia ingressos amarelos.
7. O sobrenome de Carla não é Pereira.
8. A sra. Prado não vendia lugares na arquibancada.

44. Mário, Tiago, Miguel, Francisco e Joaquim disputaram, juntos, um campeonato de futebol. Com base nas dicas a seguir, tente descobrir qual o nome e a idade de cada jogador.

1. Tiago, que é loiro, está entre Miguel e Joaquim.
2. Miguel é um ano mais velho que Mário. Os dois estão sem boné.
3. Francisco tem 21 anos, quatro anos a mais que Mário.
4. Joaquim é 1 ano mais velho que Miguel e 1 ano mais moço que Tiago.
5. Tiago é mais novo que Francisco apenas 1 ano.

45. Cada desenho representa um número diferente.
Descubra o número que cada um dos desenhos representa.

1000 − ✦ = ◼	✦ × ◇ = 0
✱ + ✱ = ✱	✱ + ✦ = 550
✱ + ◇ = 200	✦ ÷ ❀ = 350
❀ × ❀ = 1	❀ + ◇ = 1

PROBLEMATECA

46. Cada desenho representa um algarismo diferente.
Descubra em qual retângulo está escrito cada um dos números a seguir e o algarismo correspondente a cada um dos desenhos.

122 – 142 – 159 – 174 – 204 – 265 – 267 – 333
341 – 384 – 568 – 637 – 657 – 719 – 879 – 991

47. Quatro pessoas montaram quebra-cabeças com desenhos e número de peças diferentes. Eles tinham 1 500, 2 000, 3 000 e 5 000 peças. Descubra o nome de quem fez cada quebra-cabeça, o tempo que levou para montá-lo, quantas peças tinha e o desenho de cada um.

- A fazenda foi montada por Clemente em 2 meses. Era o menor deles.
- Jéssica montou uma cidade em seu quebra-cabeça.
- A praia tinha 1 000 peças a menos que o lago de Solange.
- O quebra-cabeça montado por Amanda levou 15 dias a mais que o de Solange e 15 dias a menos que o maior quebra-cabeça.

PESSOA	DESENHO	NÚMERO DE PEÇAS	TEMPO
			2 meses
			3 meses
			3 meses e meio
			4 meses

Números e operações

Esse é um dos eixos da matemática escolar ao qual se dedica mais tempo de ensino, por isso consideramos importante ter alguns exemplos de problemas não convencionais mais diretamente ligados a esses conteúdos.

Os problemas aparentemente são simples, mas inusitados de alguma forma, seja pela variedade de possíveis soluções, pela forma do texto, pela apresentação dos dados, ou ainda pela necessidade de alguma estratégia pouco usual para sua resolução.

Os conteúdos variam desde as operações elementares até as frações. No entanto, buscamos apresentar situações que exigem não apenas operar com os números, mas em geral utilizar o conceito de alguma operação ou uma ou mais de suas propriedades, além da compreensão da estrutura do Sistema de Numeração Decimal.

PROBLEMATECA

48. Quero dividir 6 cenouras entre meus 2 coelhinhos, Tuca e Pituca. Como posso fazer essa distribuição?

49. Jogando boliche, Pedro, Raquel e Adriano marcaram quantas garrafas derrubaram em duas jogadas.

PEDRO	I I I	I I
RAQUEL	I I I I I	I I
ADRIANO	I I I	I I I

Quem ganhou o jogo?
Quem fez menos pontos?

50. Quais números faltam em cada trem?

2   4   8   14

16   13   10   1

Números e operações

PROBLEMATECA

51. Ajude João a encontrar a casa de seu amigo Gustavo.
    Siga as pistas:
    - A casa de Gustavo tem dois andares.
    - Ela tem apenas uma porta na parte de baixo e não tem antena no telhado.
    - O número da casa é menor que 16.

52. Use os sinais de **+** e **−** de forma que as igualdades sejam verdadeiras.

    9 .... 4 = 13

    3 .... 2 = 1

    4 .... 1 = 5

    8 .... 5 = 3

53. Tente descobrir o valor de cada figura.

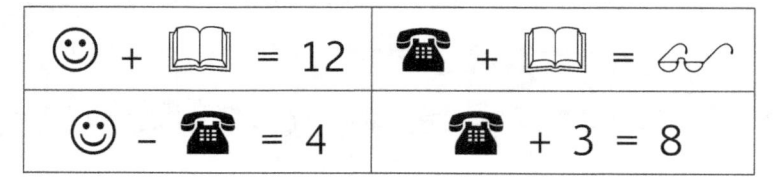

☺ + 📖 = 12	☎ + 📖 = 👓
☺ − ☎ = 4	☎ + 3 = 8

PROBLEMATECA

54. Neste problema, alguns números e algumas palavras foram apagados.
Complete o texto com as informações que estão nos quadros e depois resolva-o.

Cecília comprou _____ de copos para uma _____ . Mas durante a festa _____ copos foram _____ . Quantos _____ restaram?

FESTA   QUEBRADOS   COPOS   4 DEZENAS   18

55. Coloque os números 8, 10, 12, 14, 16, 18 nos retângulos a seguir, de forma que os números em cada lado do triângulo tenham soma igual a 34.

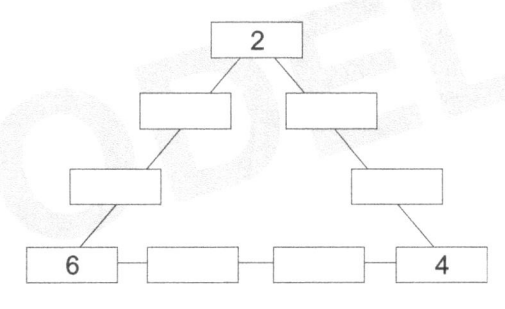

56. A minhoca pedrita sobe dois metros de uma parede por dia, mas à noite ela dorme e escorrega 1 metro.

Quantos dias ela levará para subir essa parede de 10 metros?

Números e operações | 51

PROBLEMATECA

57. Pedro foi ao *shopping* de bicicleta e percorreu 750 metros. Depois ele foi ao parque e pedalou mais 500 metros. Na volta, ele foi à padaria comprar pão e andou 450 metros. Quantos reais Pedro gastou no *shopping*?

58. Carla comprou na papelaria 7 pacotes de cadernos com 5 cadernos cada um. Cada caderno custa 3 reais.
Ela comprou, também, 4 caixas de borrachas com 20 borrachas cada uma. Cada borracha custa 1 real. Quanto Carla pagou pelos cadernos?

59. Pedro fez uma compra aproveitando as ofertas do supermercado, mas a máquina registradora estava com problema e alguns números ficaram apagados. Complete com os números que faltam.

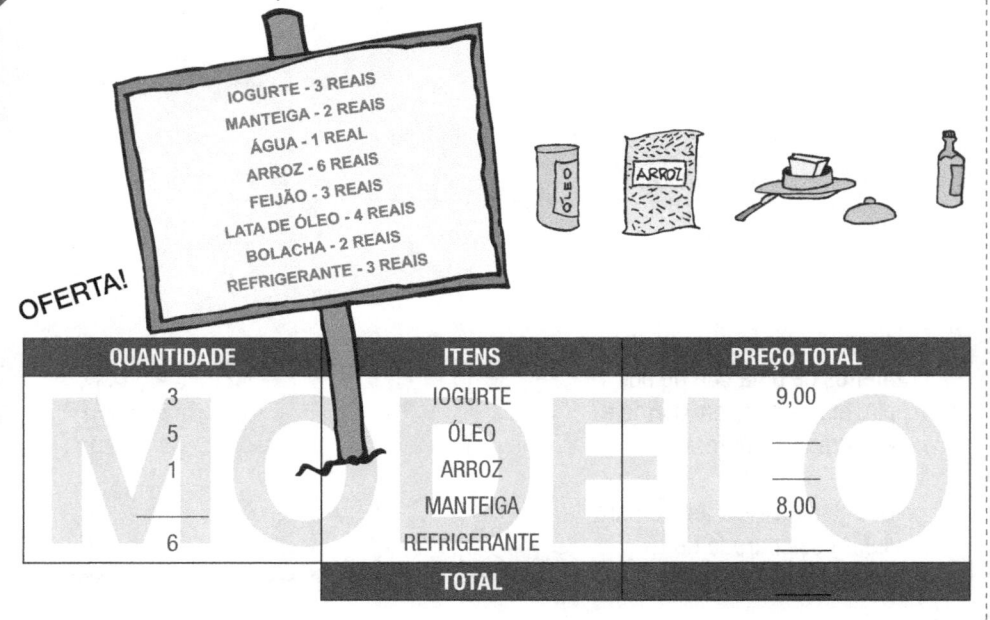

OFERTA!
- IOGURTE - 3 REAIS
- MANTEIGA - 2 REAIS
- ÁGUA - 1 REAL
- ARROZ - 6 REAIS
- FEIJÃO - 3 REAIS
- LATA DE ÓLEO - 4 REAIS
- BOLACHA - 2 REAIS
- REFRIGERANTE - 3 REAIS

QUANTIDADE	ITENS	PREÇO TOTAL
3	IOGURTE	9,00
5	ÓLEO	___
1	ARROZ	___
___	MANTEIGA	8,00
6	REFRIGERANTE	___
	TOTAL	

PROBLEMATECA

60. Descubra a regra de formação destas duas sequências e, depois, complete-as:

12	16	20		28		

2	4	8	16	

61. Luciana colocou no varal uma camiseta que demorou 6 horas para secar. Quantas horas serão necessárias para secar 10 camisetas?

62. Em um trem que partiu de São Paulo com destino ao Rio de Janeiro havia 215 passageiros.
    Na primeira parada da viagem desceram 60 e subiram 80 pessoas.
    Na segunda parada desceram 40 e subiram 10.
    Na terceira parada o trem chegou ao Rio de Janeiro.
    No final da viagem quantos passageiros ainda estavam no trem?

63. Observe como este quadrado é interessante!
    A soma de suas linhas, colunas e diagonais deve ser sempre igual a 60.
    Complete o quadrado.

		32
28	20	
	36	16

Números e operações | 53

PROBLEMATECA

64. Anita mora em uma fazenda onde há porcos, vacas e galinhas. Em seu terreiro, ela contou 24 pés. Sabe-se que 4 animais são vacas e porcos. Quantas galinhas há em seu terreiro?

65. Nicolau escreveu o problema a seguir fora de ordem. Ajude-o a reescrevê-lo na ordem correta e, depois, resolva o problema.

| QUANTAS PÁGINAS TEM O LIVRO? |
| MAS AINDA FALTAM 124 PARA SEREM LIDAS. |
| PATRÍCIA LEU 145 PÁGINAS DE UM LIVRO. |

66. Que número sou eu?
Sou um número ímpar maior que 70 e menor que 80 – 5.
Não tenho o algarismo 1.

67. Numa loja perto da casa de Sílvio, a caixa registradora não marcou alguns números no papel.

Descubra o que está faltando.

LOJA DA VILA
TV   ☐ 7 3
RÁDIO 2 0 ☐
TOTAL 6 7 5

PROBLEMATECA

68. Tarsila quer dividir 9 balas com suas amigas Anita e Mariana.
Ela quer ficar com pelo menos 3 balas para ela.
Encontre 4 modos diferentes de Tarsila repartir as balas entre suas amigas.

69. Carlos foi à feira e comprou 56 frutas. Sabe-se que 12 são maçãs.
As demais frutas são laranjas, que ele guardou em 4 saquinhos com a mesma quantidade em cada um.
Ele também comprou legumes: cenouras e batatas.
Quantas laranjas carlos colocou em cada saquinho?

70. Complete a cruzadinha com números de 2 algarismos.

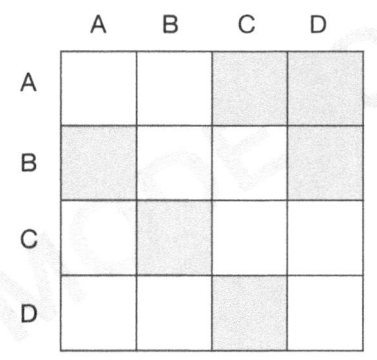

HORIZONTAIS
A. TRINTA E CINCO MENOS SEIS
B. SEIS VEZES SEIS
C. QUATRO VEZES OITO
D. CINQUENTA MENOS TRINTA E OITO

VERTICAIS
A. TRÊS VEZES SETE
B. NOVE VEZES DEZ MAIS TRÊS
C. TRINTA E NOVE MAIS VINTE E QUATRO
D. SEIS VEZES QUATRO

71. Descubra a regra de formação da pirâmide ao lado para preencher os valores em cada bloco da pirâmide.
Uma pista:
Os números azuis são a soma dos números de cor rosa.

212			
37			61
23	14	43	18

Números e operações | 55

PROBLEMATECA

72. Fernanda está com as teclas 4 e 6 de sua calculadora quebradas.
    Como Fernanda pode escrever o número 46 no visor sem apertar essas teclas?

73. Pedro tem uma calculadora com a tecla 4 quebrada.
    Como ele pode efetuar 4 × 5 sem apertar essa tecla?

74. Numa loja em frente ao colégio, os preços de uma mochila e de um agasalho são formados pelos mesmos algarismos.
    Essas peças têm o mesmo preço?
    Qual é o valor do algarismo 3 no preço da mochila?
    E no preço do agasalho?

R$ 315,00

R$ 135,00

PROBLEMATECA

75. Franco tentou resolver o seguinte problema:
No período da manhã, uma empresa de ônibus transporta 124 passageiros em 4 ônibus. Quantos passageiros viajam em cada ônibus?

Resolução de Franco:

```
124  | 4
 12   ‾‾‾
 ‾‾   81
  04
-
  04
  ‾‾
  00
```

Resposta:
Cada ônibus leva 81 passageiros.

Franco resolveu o problema corretamente? Por quê?

76. a) Coloque os números 2, 3, 7 e 9 na sentença a seguir para que a resposta seja o maior número possível.
Dica: Faça primeiramente as multiplicações.

.... + ... × .... – .... =

b) Qual a maior resposta possível se forem usados os números 2, 4, 6 e 8?
c) Ainda usando os números 2, 4, 6 e 8, qual deve ser sua estratégia para que o resultado seja 6?

77. Os números 22, 343, 5 115 são chamados números **palíndromos**. Observe as características comuns a eles e responda:
a) O que são números palíndromos?
b) Quais são os números palíndromos de dois algarismos?
c) Usando somente os algarismos 4, 5 e 6, quais são os números palíndromos de três algarismos que podemos formar?

PROBLEMATECA

78. Um ônibus saiu do ponto inicial com alguns passageiros. No primeiro ponto, subiram 12 passageiros e desceram 8. No ponto seguinte, subiram mais 6 e desceram 16. No terceiro, subiram 5 passageiros e não desceu nenhum. Podemos dizer que, ao sair do terceiro ponto, o ônibus tinha:
    a) 1 passageiro a menos do que tinha quando saiu do ponto inicial.
    b) 2 passageiros a menos do que tinha quando saiu do ponto inicial.
    c) 1 passageiro a mais do que tinha quando saiu do ponto inicial.
    d) 2 passageiros a mais do que tinha quando saiu do ponto inicial.

79. Três amigas foram à papelaria e cada uma comprou uma folha de papel espelho, em um tamanho diferente. A primeira menina dividiu sua folha em duas partes iguais, a segunda dividiu a sua em quatro partes iguais e a última em seis partes iguais. Quantas partes a última menina deve pegar para que, colocando-as juntas, fique igual a uma parte da primeira e a duas partes da segunda?

80. Beto adora tomar leite com chocolate enquanto faz a lição. Ontem, que azar!, bateu o braço no copo e derramou o líquido, que se esparramou sobre o caderno, apagando, assim, alguns algarismos. Beto ficou tão nervoso com o acidente que esqueceu quais eram os números que estavam escritos. Ajude-o a completar a conta, para que a multiplicação fique correta.

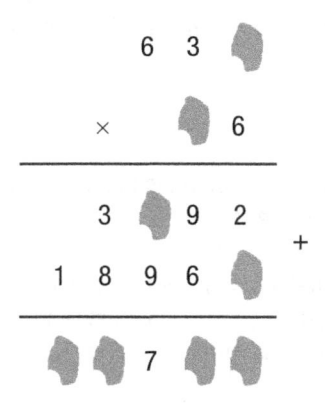

$$\begin{array}{r} 6\ 3\ \blacksquare \\ \times\ \blacksquare\ 6 \\ \hline 3\ \blacksquare\ 9\ 2 \\ 1\ 8\ 9\ 6\ \blacksquare\ + \\ \hline \blacksquare\ \blacksquare\ 7\ \blacksquare\ \blacksquare \end{array}$$

PROBLEMATECA

81. Na festa de aniversário de Ana Beatriz, será feito um jogo de adivinhação.
Dez tampinhas, cinco vermelhas e cinco azuis, serão colocadas em duas caixas, de modo que tenham a mesma quantidade e haja pelo menos três tampinhas de mesma cor em cada uma. Ganha a adivinhação quem acertar quantas tampinhas azuis e vermelhas há em cada caixa.
Você pode ter certeza de ganhar essa adivinhação?
Mostre todas as diferentes possibilidades que existem.

82. Quando Paula tinha 8 anos, seu pai tinha 38. Agora, ela tem a metade da idade do pai.
Sem lápis e sem papel, responda rapidamente:
Quantos anos Paula tem?

83. Para se chegar à Lua de Akaron, sede da Confederação Interplanetária, é preciso passar pelo Portal dos Iluminados, que se abre usando-se um código de três algarismos diferentes.
Tyvor, o representante do planeta Uriath, só tem a sentença-chave abaixo para descobrir os três números.
Quais são os números que formam esse código?

$$20 \div \underline{} \times \underline{} + \underline{} = 9$$

84. Um mágico carrega trinta lenços em um bolso da calça e, no outro bolso, quatro pombos, muito bem colocados. Sua capa é preta, longa e folgada; sua camisa é branca, com mangas compridas, e ele a usa por dentro da calça. A vareta mágica é indispensável nas apresentações. Onde ele a guarda?

Números e operações

PROBLEMATECA

85. Coloque as frases a seguir em ordem e complete com os dados que faltam e que estão escritos abaixo das frases.

Guardou o dinheiro e, em seu aniversário, ganhou R$ _____ de seus avós e um pouco menos de sua madrinha: R$ _____.
Depende. Isso só acontecerá se ela pagar R$ _____ pelo DVD.
Será que agora ela poderá comprar um MP3 *player* de R$ _____, o DVD do Homem-Aranha e ainda ficar com R$ 30,00?
Júlia queria comprar o DVD do Homem-Aranha, mas só tinha R$ 15,00, quantia insuficiente para fazer a compra.

Dados: R$ 100,00; R$ 200,00; R$ 35,00; R$ 150,00.

Resolva o problema e confirme sua resposta.

86. Sabendo que 40 ÷ 5 = 8, fica fácil concluir que 80 ÷ 10 = 8, pois 80 é o dobro de 40 e 10 é o dobro de 5.

Sem usar papel e lápis, responda rapidamente quanto é:
a) 120 ÷ 15?
b) 400 ÷ 50?

87. Quatro escolas ficaram para a penúltima fase do torneio escolar de futebol: Colégio Figueira, Colégio dos Pinheiros, Colégio Monte Bonito e Colégio da Praia.
Agora, cada time deverá jogar uma única partida com cada um dos outros três finalistas, para que se possa selecionar os dois que têm maior número de pontos. Quantos jogos haverá nessa penúltima fase?

88. Os números de 1 a 13 foram distribuídos em duas linhas, segundo um padrão.

$$1 - 3 - 5 - 7 - 9 - 11 - 13$$
$$2 - 4 - 6 - 8 - 10 - 12$$

Continuando dessa mesma forma, em qual linha entrariam os números 16 e 21?

89. Márcia foi passar alguns dias das férias de julho nas Serras Gaúchas. Ela sabe que lá faz frio, mas não tem certeza se é durante todo o dia ou só à noite. Para levar as roupas apropriadas, acompanhou, por 2 dias, um *site* que fornecia as temperaturas de 4 em 4 horas e montou o quadro:

	1º DIA	2º DIA
HORA	TEMPERATURA (EM ºC)	TEMPERATURA (EM ºC)
6	1	1
10	9	10
14	15	12
18	8	6
22	3	1

Qual foi o dia que teve a menor média de temperatura? Qual foi essa média?

90. Um bombeiro está exatamente na metade de uma escada que se encontra apoiada em um prédio em chamas. Com o aumento da fumaça, ele foi forçado a subir mais três degraus. Logo em seguida, uma labareda o obrigou a descer cinco degraus. Depois disso, ele subiu sete degraus e aí permaneceu até a execução final do trabalho. Finalmente conseguiu subir os seis degraus restantes da escada, chegando ao topo do prédio. Quantos degraus tem essa escada?

PROBLEMATECA

91. Há um sistema de computador responsável pela defesa do planeta Alado. Uma sentinela, a mando de espiões inimigos, apagou alguns números, e agora todo o planeta Alado está ameaçado. Programe novamente o computador colocando os números que faltam.

2	6	10
7		

Dica: O segredo é que a soma dos números das linhas, das colunas e das diagonais é sempre a mesma.

92. Três homens e suas respectivas esposas ganharam juntos R$ 5.400,00. As esposas receberam juntas R$ 2.400,00. Raquel recebeu 200 reais a mais que Renata; e Lígia, 200 reais a mais que Raquel. Paulo recebeu metade do que sua esposa recebeu; Beto, o mesmo que sua esposa; e Márcio recebeu duas vezes mais que sua esposa.
Quem é casado com quem?

93. Coloque apenas sinais de adição e de divisão entre os números, de modo que a igualdade se torne verdadeira.
Dica: A divisão deve ser feita antes da adição.

$$7....7.....7.....7 = 15$$

$$7....7.....7.....7 = 2$$

94. De quais informações eu necessito para saber se tive lucro ou prejuízo ao vender uma bicicleta?

95. a) Coloque os números 1, 2, 3 e 4 nos espaços a seguir, para que a resposta seja o maior número possível.

   _____ + _____ − _____ + _____ =

   b) Encontre a maior resposta possível usando os números 2, 4, 6 e 8 e a mesma sentença anterior.

96. Helena gosta muito de palavras-cruzadas e desafios. Ontem, ela ganhou uma revista com muitos passatempos. Ao tentar resolvê-los, não conseguiu fazer este:

   "Ache a regra e complete a sequência com os números que estão faltando".

1	2	3	5	8	13	21	34	?	?

   Tente você resolver esse desafio.

97. Você é capaz de encontrar números que, multiplicados, resultam 120, mas que satisfazem uma das condições abaixo?

   a) São dois números pares.
   b) São dois números ímpares.
   c) Um número é par e o outro é ímpar.
   d) São três números ímpares.
   e) Um número é par e dois números são ímpares.

   Você encontrou solução para todas as condições acima? Por quê?

98. Quantos algarismos 8 são usados quando você escreve os números de 1 a 100? Você é capaz de resolver este problema sem escrever ou contar um a um esses números?
   Se você conseguir, explique como pensou para chegar à resposta.

Números e operações

PROBLEMATECA

99. O grupo de dança popular de minha classe é formado por 24 alunas. Elas querem fazer uma coreografia de forma que todas entrem no palco em duas ou mais filas, todas com o mesmo número de pessoas, mas a quantidade de filas deve ser diferente do número de pessoas em cada uma delas. Desenhe todas as possibilidades.

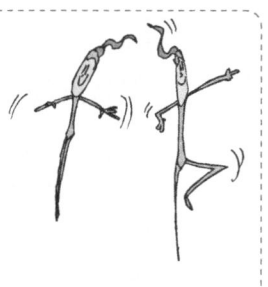

100. Existem algumas multiplicações cujos resultados têm características muito interessantes. Calcule, usando lápis e papel, os produtos das quatro primeiras multiplicações abaixo. Em seguida, observe o padrão das respostas e dê, sem usar lápis e papel, a resposta das duas últimas:

$$3 \times 37 =$$
$$6 \times 37 =$$
$$9 \times 37 =$$
$$12 \times 37 =$$
$$15 \times 37 = \quad e \quad 18 \times 37 =$$

101. A rodoviária da minha cidade está sendo reformada. Além de colocarem mais espaço para saída e chegada de ônibus, estão fazendo duas salas de espera, uma destinada às pessoas que vão para a capital e outra para as pessoas que vão para o interior. Na primeira sala serão colocadas 9 fileiras com 16 cadeiras em cada uma, e na outra sala, 12 fileiras com 8 cadeiras em cada uma. A arquiteta responsável pela obra achou que a primeira sala estava muito cheia e tirou 6 cadeiras, colocando-as na outra sala. Com essa troca, mudou a quantidade total de cadeiras? Quantas cadeiras há, agora, em cada uma das salas?

102. Seis homens cavam um buraco trabalhando seis horas cada. Quanto tempo levará um homem sozinho para cavar um buraco com a metade do tamanho do buraco feito pelos seis homens?

Espaço e forma e Medidas

Os problemas não convencionais que envolvem as figuras geométricas são mais difíceis de serem encontrados nos textos didáticos e na literatura em geral, por isso os que aqui apresentamos podem auxiliar o professor na elaboração de outros dependendo do conteúdo que estiver ensinando.

Os problemas mais simples envolvem as habilidades de apenas identificar, nomear e visualizar figuras geométricas. Já nos anos mais adiantados são solicitadas as propriedades das figuras relacionadas a suas vistas e as planificações e propriedades mais complexas como, por exemplo, aquelas que falam de paralelismo de lados e ângulos em polígonos.

Os problemas relativos ao eixo de Grandezas e Medidas buscam envolver todas as grandezas e seus conceitos que permeiam os currículos dos anos iniciais do Ensino Fundamental. Assim, a maioria dos problemas propostos envolve as grandezas tempo, comprimento, massa e área, mantendo a diversidade de tipos de problemas não convencionais como deve ser em uma problemateca.

103. **Não tenho lados. Às vezes me desenham para representar o sol.**
Quem sou eu?

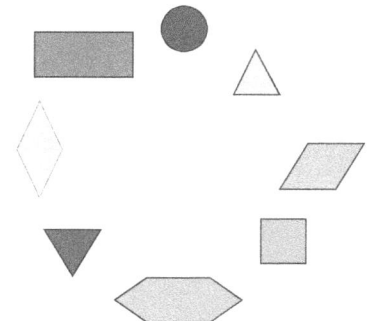

104. **Tenho 4 lados e 4 cantos, todos os meus lados têm a mesma medida.**
Quem sou eu?

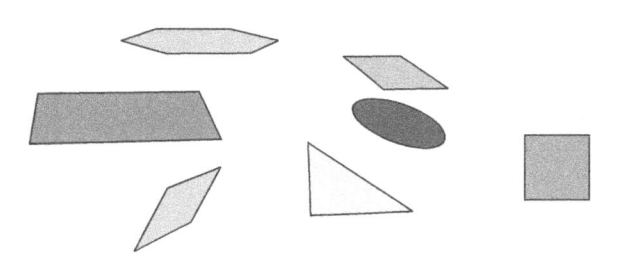

105. Joana e Isabel mediram em passos e em pés o comprimento da sala de aula e obtiveram os seguintes resultados:

JOANA	ISABEL
5 PASSOS	6 PASSOS
25 PÉS	23 PÉS

Por que elas obtiveram medidas diferentes? Quem é mais alta? Por quê?

PROBLEMATECA

106. Quais as figuras que faltam no quadro?
Observe a sequência e desenhe o que falta.

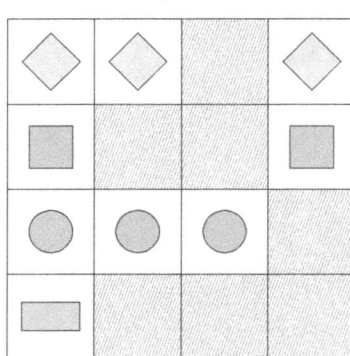

107. Complete cada sequência com as figuras que estão faltando.

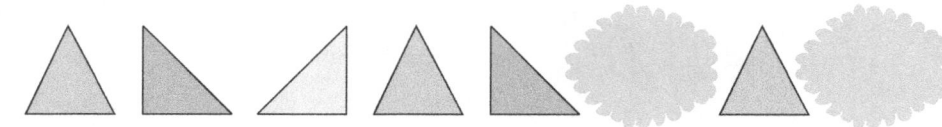

108. Tenho 4 lados e 4 cantos. Às vezes apareço na porta e outras vezes na janela. Quem sou eu?

PROBLEMATECA

---

109. Rodrigo tem três frutas: abacaxi, melão e abacate.
Ele quer descobrir qual delas é a mais pesada e qual é a mais leve.
Observe as balanças e ajude Rodrigo a resolver essa questão.

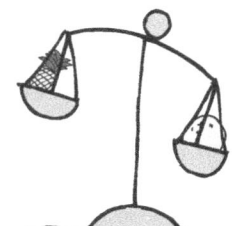

---

110. Paulo desenhou a sequência geométrica a seguir.
Mas ele desenhou uma figura que não deveria estar aí.
Qual é essa figura?

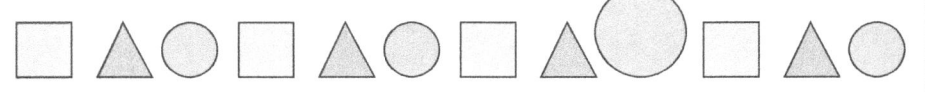

---

111. Complete os espaços vazios.

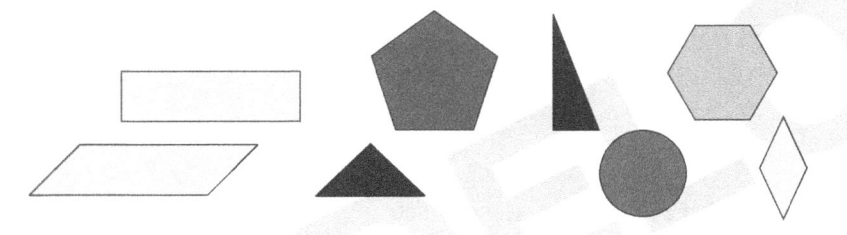

A) As figuras amarelas têm .... lados e .... vértices.

B) As figuras de 3 lados estão pintadas de ....
Elas têm .... vértices.

C) A figura de 5 lados chama-se pentágono e está pintada de ....
Ela tem .... vértices.

Como se chamam as figuras coloridas de verde e de rosa?

Espaço e forma e Medidas | 69

PROBLEMATECA

112. Observe as três caixas. Elas são idênticas.
Em qual das caixas caberá mais da bolinha que está ao seu lado?

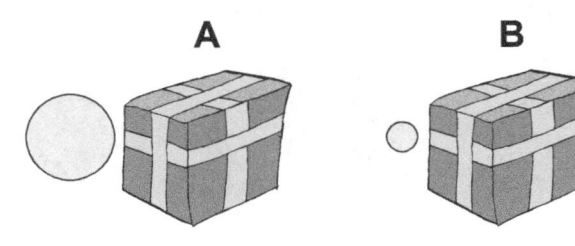

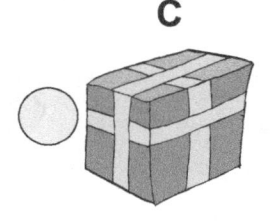

A   B   C

113. Descubra a ordem dos aniversariantes do mês:

Dentro de duas semanas, Joana fará aniversário.

Farei aniversário daqui a 6 dias.

Paulo fará aniversário daqui a 12 dias.

Paulo   Pedro   Joana

114. Qual é a figura? Ela é uma dessas cinco.

- A figura tem mais de três lados.
- Ela não tem os lados iguais.
- Ela não tem seis lados.

Que figura é essa?

PROBLEMATECA

115. As letras embaralhadas representam nomes de figuras geométricas planas. Leia as dicas e descubra quais são essas figuras.

1º) Tem três lados.
2º) Não tem lados.
3º) Tem quatro vértices e quatro lados iguais.

A) DRAQUAOD   B) OUTRIÂLNG   C) CÍCRUOL

116. Quatro crianças desenharam 4 formas espaciais diferentes. Descubra o que cada criança desenhou:
- Letícia não desenhou a esfera nem o paralelepípedo.
- Patrícia desenhou uma caixa que lembra um dado.
- Augusto desenhou uma forma espacial arredondada.

Marque com um **x** no quadro o que cada criança desenhou.

	ESFERA	CUBO	CILINDRO	PARALELEPÍPEDO
LETÍCIA				
PATRÍCIA				
PEDRO				
AUGUSTO				

Espaço e forma e Medidas

PROBLEMATECA

117. Clara quer organizar cada um de seus brinquedos com formas espaciais em uma caixa diferente.
Ajude-a a descobrir onde ela deve colocar cada brinquedo.

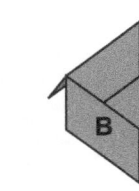

CAIXA A
CORPOS REDONDOS
QUE NÃO TÊM VÉRTICE

CAIXA B
CORPOS NÃO REDONDOS

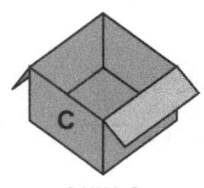

CAIXA C
CORPOS REDONDOS
E NÃO REDONDOS

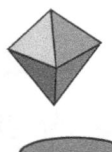

118. Cláudio deseja encher o balde usando apenas copos de água.
Quantos copos de água serão necessários para encher o balde?

119. O que pesa mais: um quilograma de algodão ou um quilograma de ferro?

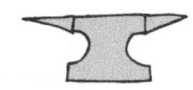

120. Joana quer saber a massa da goiabada com duas pesagens.

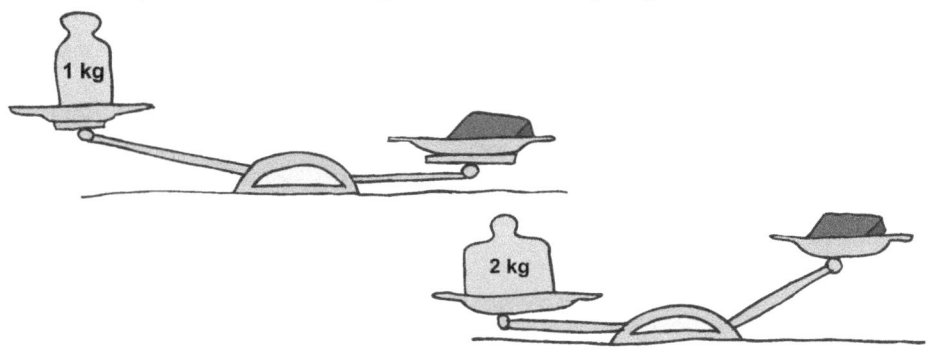

O que se pode dizer sobre a massa da goiabada?

121. Carlos, Pedro e José confeccionaram pipas para empinar no parque.
Com base nas pistas a seguir, descubra qual pipa cada menino confeccionou.

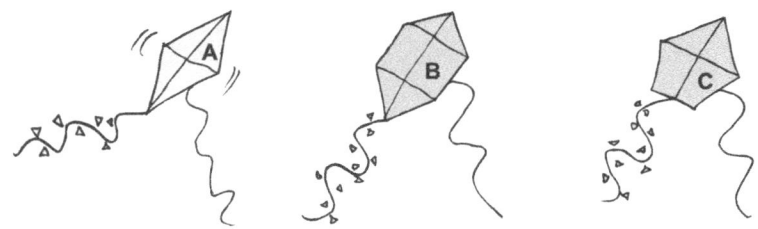

- A pipa de José não tem quatro nem cinco lados.
- Pedro não sabe fazer pipas com figuras com 5 vértices.

122. Descubra qual caixa Cibele comprou para colocar o presente de sua amiga.

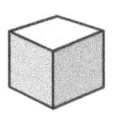

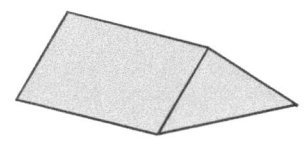

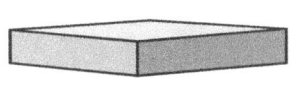

- A caixa que Cibele comprou não tem tampa triangular, nem é redonda.
- A caixa que ela comprou não tem a tampa com todos os lados iguais.

Espaço e forma e Medidas

PROBLEMATECA

123. Pedro tem um guarda-roupa com 4 portas. Na parte interna de cada porta ele colou um cartão com uma figura geométrica e o nome dela para memorizar os nomes das figuras sempre que abrir as portas de seu guarda-roupa. Com base nas dicas abaixo, tente descobrir em que porta cada figura está colada.

- O triângulo está logo depois do cubo.
- Na segunda porta há um paralelepípedo.
- O retângulo está em uma das portas.

124. Pedro tem dois recipientes com capacidades diferentes: um garrafão em que cabem 5 litros de água e uma jarra em que cabem 2 litros. Como Pedro pode deixar o garrafão com apenas 3 litros de água? E como ele pode deixar a jarra com 1 litro de água?

125. Cada criança desenhou uma figura geométrica diferente. Siga as pistas e tente descobrir quem desenhou cada figura.

- Eu sou a Bia e sei que o Zé desenhou uma figura que não tem lados.
- Lalá desenhou a figura que tem o menor número de lados.
- Todos me chamam de Zé.
- Lelê não desenhou a figura que tem cinco lados.

PROBLEMATECA

126. Em um dos pratos da balança há um tigre. Quais desses animais você pode colocar no outro prato para equilibrar a balança?

- Guepardo tem massa igual a 50 kg.
- Agulhão-de-vela tem massa igual a 60 kg.
- Macaco muriqui tem massa igual a 15 kg.
- Zebra tem massa igual a 250 kg.
- Tigre tem massa igual a 300 kg.

127. Leia o texto a seguir e depois complete o quadro.

Cláudio sai de casa às 7 h para ir à escola. Clara sai de casa meia hora mais tarde que Cláudio. Matheus sai quarenta e cinco minutos mais cedo que Clara, e Joana sai uma hora mais tarde que Matheus.

1º A SAIR DE CASA	
2º A SAIR DE CASA	
3º A SAIR DE CASA	
4º A SAIR DE CASA	

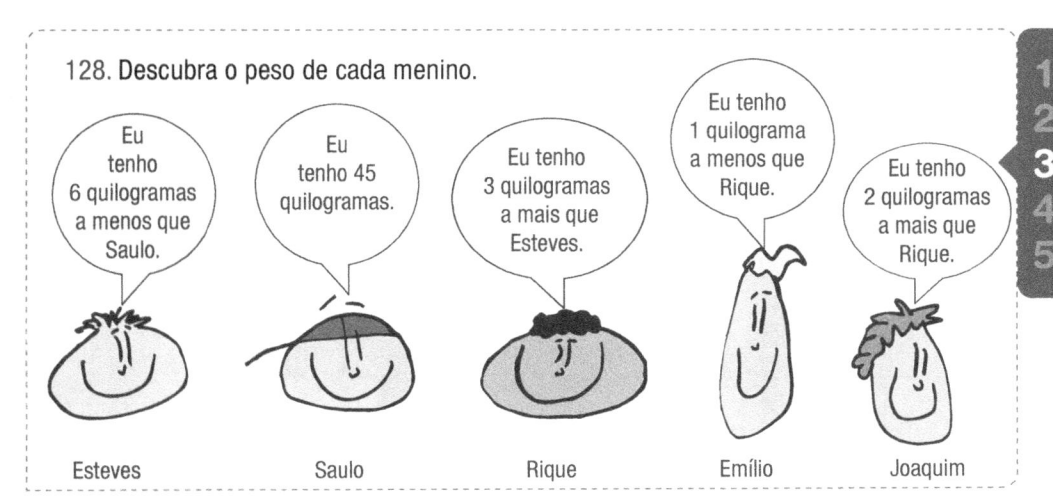

128. Descubra o peso de cada menino.

- Esteves: Eu tenho 6 quilogramas a menos que Saulo.
- Saulo: Eu tenho 45 quilogramas.
- Rique: Eu tenho 3 quilogramas a mais que Esteves.
- Emílio: Eu tenho 1 quilograma a menos que Rique.
- Joaquim: Eu tenho 2 quilogramas a mais que Rique.

Espaço e forma e Medidas

PROBLEMATECA

129. Três bons amigos, Maurício, Wilson e Antônio, vão participar de algumas competições no sábado, que acontecerão em horários diferentes. Descubra o esporte e o horário em que cada um vai participar.

FUTEBOL	9:30
VÔLEI	10:20
NATAÇÃO	12:40

Eu sou Wilson e não sei nadar.

Meu nome é Antônio e serei o primeiro a competir.

130. Descubra o horário do filme a que cada criança assistiu.

Horário das sessões:

9:00   10:30   12:00   13:30   15:00

- Pedro foi à tarde, depois de Júlia.
- Giraldes assistiu à primeira sessão.
- Manoela assistiu ao filme no horário antes de Júlia.
- Isabel preferiu ir de manhã ao cinema.

131. Observe as planificações a seguir. Somente uma delas não é do cubo. Descubra qual é essa planificação.

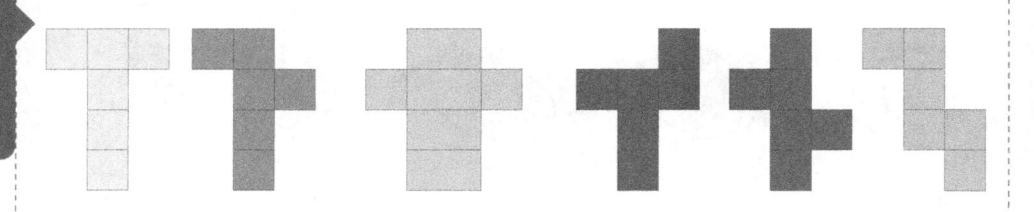

PROBLEMATECA

132. Coloque as formas geométricas abaixo nas caixas correspondentes.

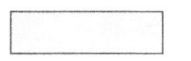

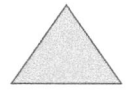

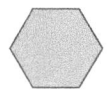

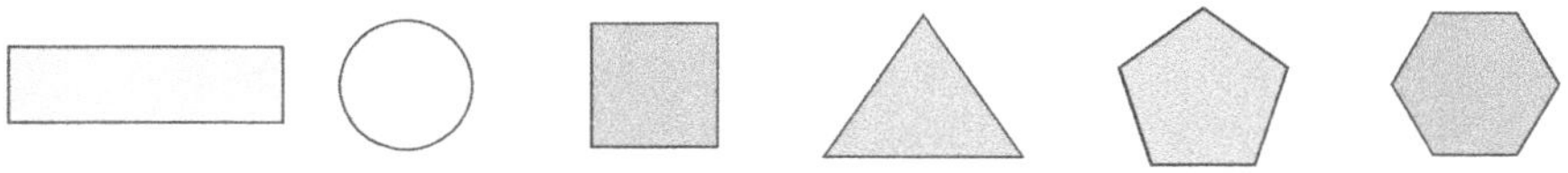

Retângulo   Círculo   Quadrado   Triângulo   Pentágono   Hexágono

Em cada uma das caixas cabem duas das formas geométricas acima.

Caixa A
Aqui podem ser guardadas as formas que têm todos os lados iguais e as que têm seis lados.

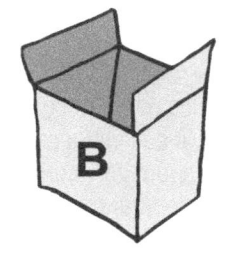

Caixa B
Aqui podem ser guardadas as formas que não têm lados e as que têm três vértices.

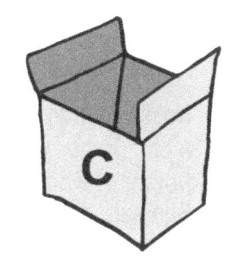

Caixa C
Aqui podem ser guardadas todas as formas que têm 5 lados e as que têm 4 lados.

133. Coloque dois desses objetos em cada caixa respeitando as regras escritas em cada uma delas.

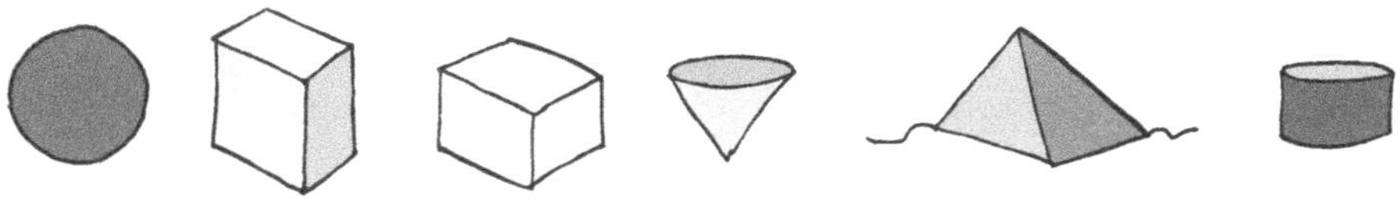

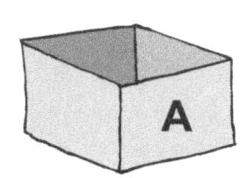

Aqui podem ser guardados os objetos que têm uma ponta e os redondos.

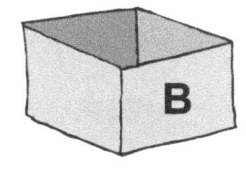

Aqui podem ser guardados os objetos redondos.

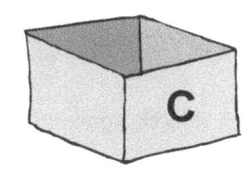

Aqui podem ser guardados todos os objetos que não são redondos.

Espaço e forma e Medidas | 77

PROBLEMATECA

134. Se ontem era o amanhã de quarta-feira e amanhã será o ontem de domingo, que dia é hoje?

135. Nosso mundo é cheio de sólidos geométricos disfarçados em objetos usados no dia a dia. Como um detetive, olhe à sua volta: provavelmente você encontrará cilindros, prismas retangulares, cubos, pirâmides, cones e outros sólidos.
Sua sala de aula tem a forma de qual destes sólidos geométricos?

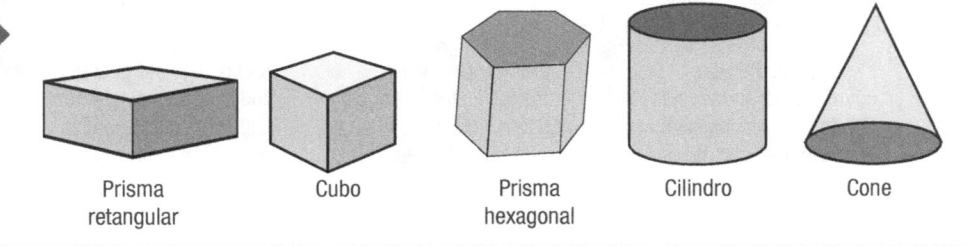

Prisma retangular   Cubo   Prisma hexagonal   Cilindro   Cone

136. Escreva o nome de cada sólido geométrico a seguir. Depois, relacione cada um à sua vista superior.

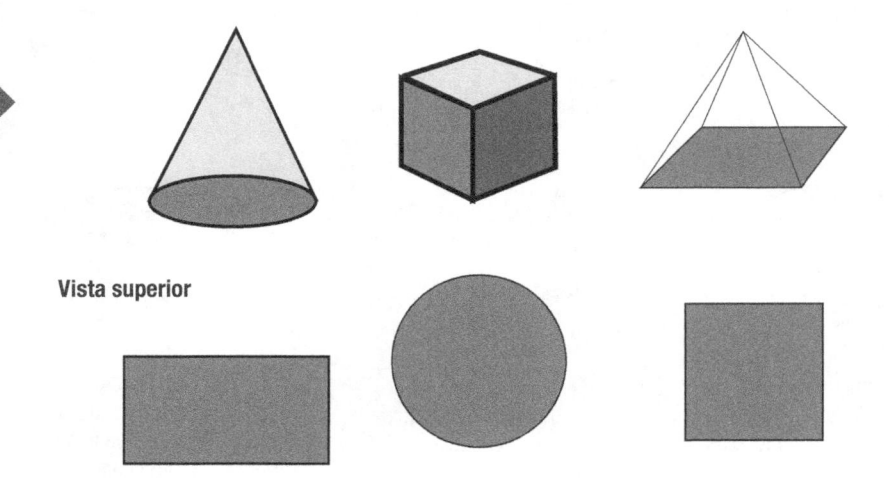

Vista superior

PROBLEMATECA

137. Quantos losangos iguais a este ◇ recobrem o triângulo ao lado?

Quantos deste ▲ recobrem o triângulo acima?

138. Construa um quadrado de 6 centímetros de lado. Marque com um ponto a metade de cada lado e una esses pontos em sequência, para obter outro polígono. Novamente, marque com um ponto a metade de cada lado desse novo polígono, una esses pontos em sequência e obtenha outro polígono. Repita esse procedimento mais duas vezes.

a) O que se pode dizer a respeito dos lados de cada um dos polígonos formados?
b) E sobre os ângulos de cada um deles?
c) Esses polígonos formados têm algo em comum? O quê?

139. Qual é o perímetro do quadrilátero cujos lados medem 4 cm, 5 cm e 6 cm?

> PERÍMETRO DE UM QUADRILÁTERO É A SOMA DAS MEDIDAS DOS QUATRO LADOS DA FIGURA.

Espaço e forma e Medidas

PROBLEMATECA

140. Quantos quadrados azuis e quantos triângulos verdes são necessários para recobrir toda a figura **A**?

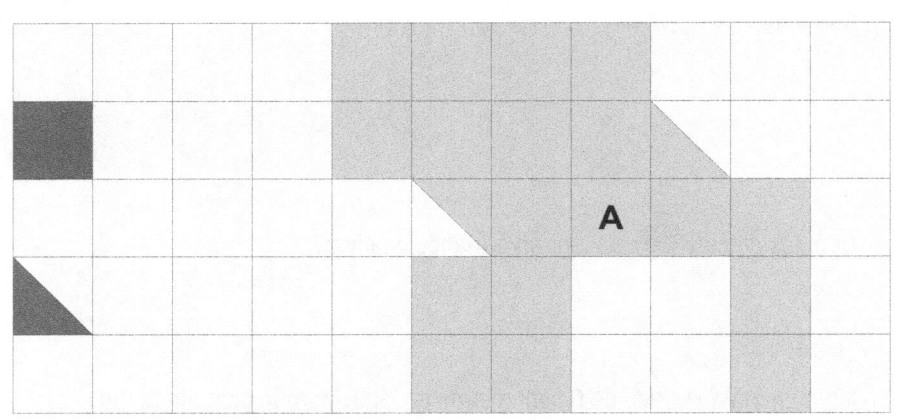

141. Como tarefa de casa, Ricardo tem que traçar todos os eixos de simetria destas figuras:

a) Só uma delas tem eixo de simetria. Qual é?
b) Escreva por onde passa esse eixo de simetria.

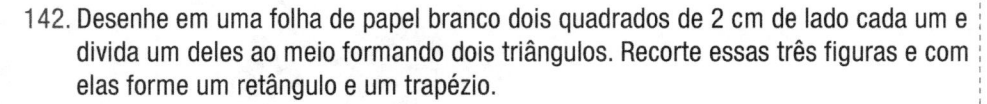

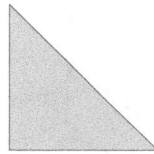

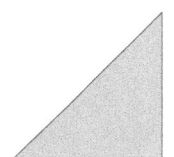

142. Desenhe em uma folha de papel branco dois quadrados de 2 cm de lado cada um e divida um deles ao meio formando dois triângulos. Recorte essas três figuras e com elas forme um retângulo e um trapézio.

PROBLEMATECA

143. Quem sou eu?
Dizem que sou um sólido geométrico.
As pessoas adoram guardar líquido em mim, porém é possível colocar outras coisas. Sou visto com frequência nas prateleiras dos supermercados, mas sempre recoberto por rótulos de diferentes produtos.
Não tenho vértices e, se me virarem, trocando a base superior pela inferior, eu continuo igual. Ah! Se me puserem deitado eu rolo.
Já descobriu? Essa foi fácil!

144. Na aula de teatro, usamos 10 grandes cubos para montar o cenário.
Ao terminar o ensaio, Ana Cristina, Arlete e Sílvia foram guardá-los.
Formaram 3 pilhas, 2 com 4 cubos e outra com apenas 2.
Para verificar se os cubos estavam bem colocados, Ana Cristina olhou-os de frente, Sílvia de lado e Arlete subiu em uma escada para vê-los de cima.
Desenhe a vista que cada uma viu.

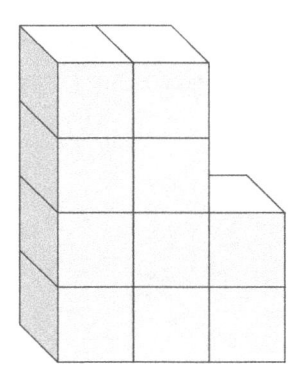

145. Construa um trapézio parecido com este em uma folha de papel branco:

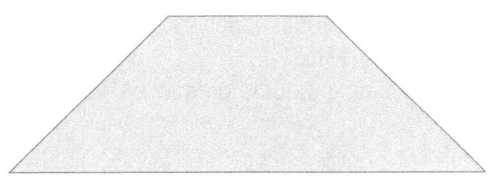

Usando somente tesoura, é possível transformar esse trapézio em um retângulo? Caso consiga, descreva como você fez isso.

146. A seguir há seis planificações indicadas por letras:

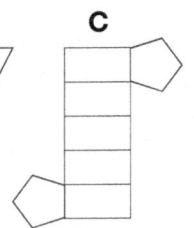

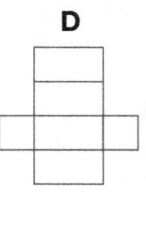

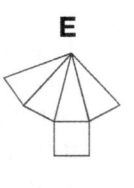

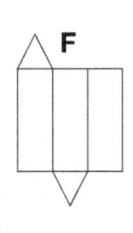

A   B   C   D   E   F

e seis sólidos geométricos indicados por números:

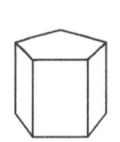

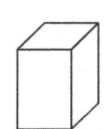

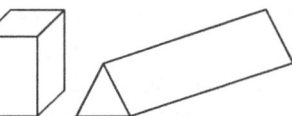

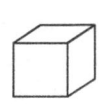

1   2   3   4   5   6

Associe a planificação ao sólido correspondente.

147. Observe as planificações de dois sólidos, que têm características em comum, mas não são iguais.

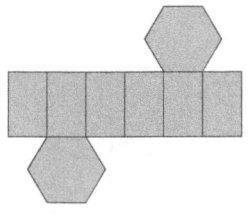

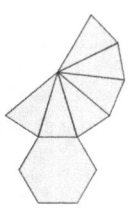

- Quais são as diferenças em relação às faces laterais? E em relação à base?
- Que sólidos essas planificações representam?

148. Os sólidos geométricos não arredondados são chamados de **poliedros**.
Eles têm faces, vértices e arestas.
Escreva o nome deste sólido e o número de faces, vértices e arestas dele.

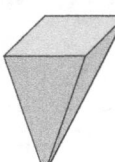

PROBLEMATECA

149. Giovana saiu de sua casa para ir à nova lanchonete do bairro.
Sua amiga Roberta explicou o caminho que ela deveria fazer:

– Saia de casa e ande dois quarteirões até a rua do clube, vire à esquerda e ande mais três quadras.
Vire agora à direita e caminhe mais três quarteirões.

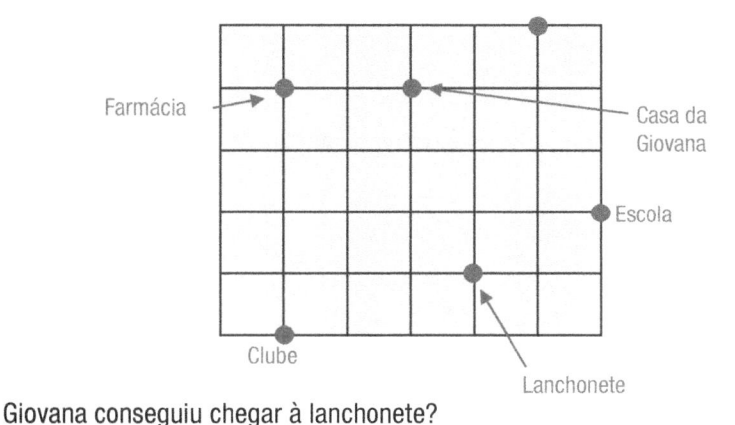

Giovana conseguiu chegar à lanchonete?

150. Usando 11 palitos iguais entre si, forme 5 triângulos iguais.

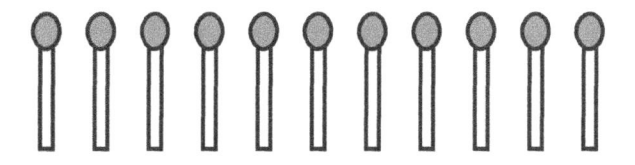

151. Júlia fez um cubo de 10 centímetros de aresta e, para isso, usou 6 quadrados de cartolina. Para que o cubo fique firme, ela quer passar fita adesiva em todas as arestas. Quantos centímetros de fita adesiva, no mínimo, ela gastará?

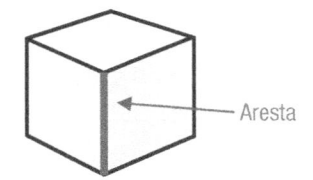

Espaço e forma e Medidas

PROBLEMATECA

152. Desenhe quatro quadrados com 3 centímetros de lado e trace em cada um deles um eixo de simetria diferente. Quais foram os polígonos obtidos em cada quadrado?

153. Em qual (quais) das figuras não aparecem quatro linhas retas paralelas?

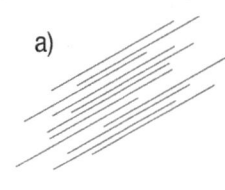

a)

b)

c)

d)

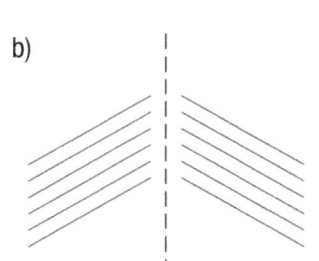

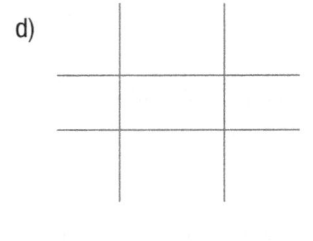

154. Apenas um dos desenhos a seguir é a planificação de um cubo. Descubra qual é o desenho correto e explique por que os outros não podem ser planificações de cubos.

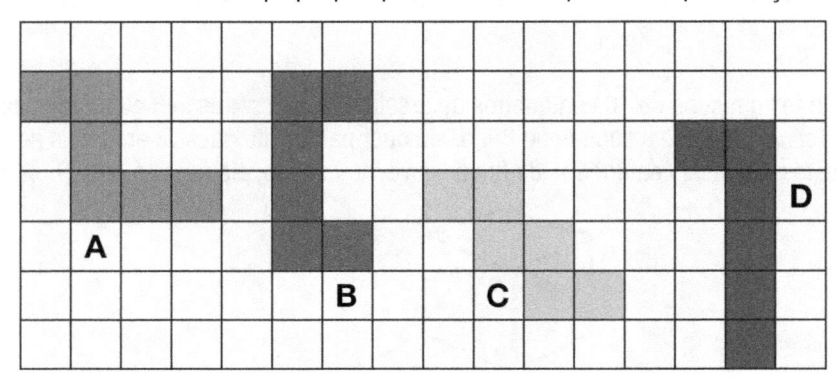

A B C D

155. Dois amigos estavam brincando, um era o robô e o outro seu mestre. Para que o robô percorresse um caminho retangular, o mestre deu os seguintes comandos:
a) ande em frente 10 passos exatamente iguais e faça um giro de meia-volta;
b) dê 4 passos iguais aos anteriores e faça um giro de um quarto de volta à direita;
c) dê novamente 10 passos iguais aos anteriores e dê outro giro à esquerda de um quarto de volta;
d) andando em frente 4 passos o retângulo está completo.

Alguma coisa saiu errado! A figura formada não é um retângulo! Você é capaz de detectar em que o mestre errou?

156. Qual das planificações abaixo não representa uma pirâmide de base quadrada?

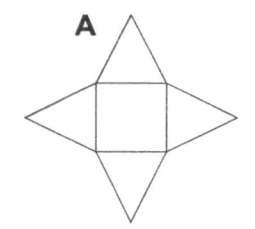

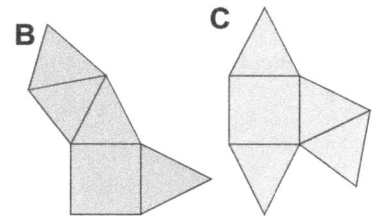

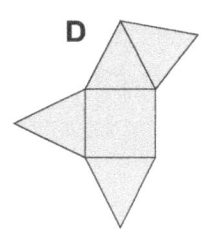

A   B   C   D

157. Um quadrado e dois retângulos têm como medida de seus lados somente números inteiros. Eles são todos diferentes entre si, mas têm o mesmo perímetro, igual a 12 centímetros. Desenhe-os usando régua, para que as medidas dos lados fiquem corretas.

158. Quais destas figuras representam polígonos?

159. Observando os sólidos a seguir, complete o quadro.

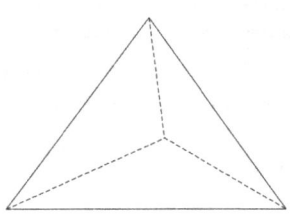

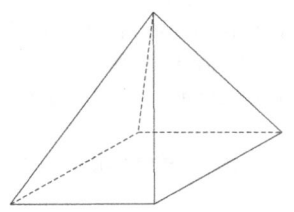

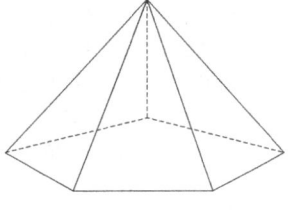

NÚMERO DE LADOS DA BASE DA PIRÂMIDE	NÚMERO DE VÉRTICES DA PIRÂMIDE
3	
4	
5	

Agora, responda: quantos lados tem a base de uma pirâmide que tem 10 vértices?

160. Aqui temos alguns instrumentos de medida.

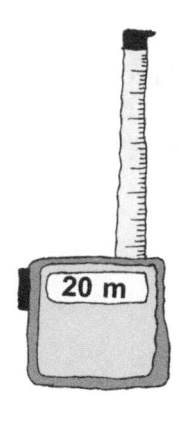

Com a trena medimos comprimentos; com o termômetro, temperaturas; com o relógio, o tempo em horas, minutos e segundos; e com a balança medimos a massa de um corpo. Para um desses instrumentos, as igualdades 60 = 1 e 12 + 12 = 0 podem fazer sentido se colocarmos as unidades de medida. Qual é esse instrumento?

Respostas

1. A: Rubens.
   B: Paulo.
   C: Luís.

2. Respostas: Tuco é o nome do peixe, o gato se chama Pituco, e o cão se chama Tico.

3. A: Vitória.
   B: Carmem.
   C: Marta

4. Caixinha amarela: Roberto.
   Caixinha verde: Carlos.
   Caixinha vermelha: Eduardo

5. Luciana é dona da Babi.
   Carina é dona da Lalá. Míriam é dona da Tetê.

6.

7. A: Marta.
   B: Lúcia.
   C: Cristina

8. Fernando.

9. Gaveta 1: Fernando.
   Gaveta 2: Andrea.
   Gaveta 3: Edgar.

10. Vera comeu bolo.
    Eduardo comeu um sanduíche com queijo.
    Cecília comeu uma maçã.
    Roberto comeu bolacha.

11. Lúcia tem um peixe.

12.

NOME	IDADE
Cristina	11 anos
Marta	9 anos
Lúcia	6 anos
Edgar	4 anos

13. A peça vermelha será guardada na caixa 1.
    A peça verde será guardada na caixa 2.
    A peça azul será guardada na caixa 3.

14. ✈ → 3.
    📕 → 4.
    ✂ → 2.

15.

1º LUGAR	Totó
2º LUGAR	Bob
3º LUGAR	Caco
4º LUGAR	Fifi
5º LUGAR	Rex

16. Beatriz: A - 955.
    Bruna: D - 548.
    Camila: C - 123.
    Antônia: B - 456.

17. O filho da filha do meu irmão é neto do meu irmão. Meu irmão é avô desse menino.

18. A: Daniel, 145 centímetros.
    B: Pedro, 150 centímetros.
    C: César, 148 centímetros.
    D: Caio, 159 centímetros.

19. Margaridas.

PROBLEMATECA | RESPOSTAS

20. Mariana dormiu na cama **A**.

21. Cristina — Edgar — Lúcia — Fernando

22. Lia jogou com Renata, e Marina jogou com Regina.

23. O menino de camiseta vermelha.

24. ☎ → 8
    📖 → 9
    ✎ → 6
    ☺ → 12
    🕐 → 20
    ✏ → 32

25. O grupo foi formado por Bárbara, Luísa e Jorge. O apresentador foi Jorge.

26.

NOME	CIDADE	PROFISSÃO
Gisele	Manaus	Psicóloga
Marita	Cuiabá	Advogada
Sandra	Porto Alegre	Desenhista
Sílvia	Recife	Professora

27. Fábio pensou no número 414.

28. Paulo, Regina, Gisele, Roberto e Júlio.

29.

		A		
		B	C	
	D			
E		F		
G				H

30. Anderson tem um par de camelos e Everton tem um par de cachorros.

31. 1º lugar: Eduardo, com carro vermelho.
    2º lugar: Fernando, com carro azul.
    3º lugar: Carlos, com carro amarelo.
    4º lugar: Pedro, com carro preto.
    5º lugar: João, com carro verde.

32. A - Pesca: Denise.
    B - Argola: Eduardo.
    C - Boca do palhaço: Flávia.
    D - Pau de sebo: Ana.
    E - Acerte o alvo: Carlos.
    F - Correio elegante: Beatriz.

33. ☀ → 0
    ⚜ → 1
    ✦ → 2
    ◆ → 200
    📖 → 250
    ❋ → 300
    ☒ → 600
    ✺ → 999

34. 1: Heloísa – peixe.
    2: Janice – gato.
    3: Vanessa – cachorro.

35. O livro de contos foi guardado na prateleira A.
    O livro de suspense foi guardado na prateleira B.
    O livro de terror foi guardado na prateleira C.
    O livro de aventura foi guardado na prateleira D.
    O livro de receitas foi guardado na prateleira E.
    O livro de religião foi guardado na prateleira F.

36. 🕐 → 0
    ✋ → 1
    ☎ → 2
    👍 → 3
    ✏ → 4
    ✂ → 5
    ♩ → 6
    ☾ → 7
    🗡 → 8
    🗑 → 9

256	149	204
595	444	968
100	337	703

PROBLEMATECA | RESPOSTAS

37. O irmão mais novo é Luís Henrique.

38. A palavra é CAMA.

39. A: Cecília. D: Regiane.
    B: Lia.   E: Sônia.
    C: Vera.   F: Alda.

40. Sombra.

41. 1: Tânia; balas de uva.
    2: Bruna; balas de hortelã.
    3: Isabel; balas de chocolate.
    4: Pedro; balas de canela.
    5: Fernando; balas de mel.
    6: Maurício; balas de coco.

42. Da esquerda para a direita, os veículos estão na seguinte ordem:
    1. Caminhão; verde.
    2. Perua; vermelha.
    3. Carro; amarelo.
    4. Motocicleta; branca.
    5. Caminhonete; azul.
    6. Bicicleta; preta.

43. Renata Prado vendeu cadeiras numeradas; o ingresso era azul.
    Carla Santos vendeu entradas para as arquibancadas; o ingresso era vermelho.
    Ana Pereira vendeu cadeiras de pista; o ingresso era amarelo.
    Maria Silva vendeu entradas para os camarotes; o ingresso era verde.

44. 1: Mário, 17 anos.
    2: Miguel, 18 anos.
    3: Tiago, 20 anos.
    4: Joaquim, 19 anos.
    5: Francisco, 21 anos.

45. ✻ → 1
    ◊ → 0
    ✱ → 200
    ✺ → 400
    ✦ → 350
    ▪ → 650

46. ⇧ → 0
    ◆ → 1
    ⌂ → 2
    ⇦ → 3
    ⊕ → 4
    ↘ → 5
    ☒ → 6
    ↯ → 7
    ▲ → 8
    ⇗ → 9

    | 122 | 204 | 341 | 159 |
    | 384 | 657 | 719 | 991 |
    | 142 | 333 | 265 | 568 |
    | 637 | 267 | 174 | 879 |

47.

PESSOA	DESENHO	NÚMERO DE PEÇAS	TEMPO
Clemente	Fazenda	1 500	2 meses
Solange	Lago	3 000	3 meses
Amanda	Praia	2 000	3 meses e meio
Jéssica	Cidade	5 000	4 meses

PROBLEMATECA | RESPOSTAS

48. Posso dar 3 cenouras para cada um. Mas também posso dar 1 cenoura para um e 5 para o outro. Ou, ainda, 2 para um e 4 para o outro.

49. Quem ganhou foi Raquel, com 7 pontos. Pedro fez menos pontos, 5.

50. (trem com vagões: 2, 4, 6, 8, 10, 12, 14 / 16, 13, 10, 7, 4, 1)

51. A casa de Gustavo é a de número 14.

52. $9 + 4 = 13$
    $3 - 2 = 1$
    $4 + 1 = 5$
    $8 - 5 = 3$

53. ☺ → 9
    📖 → 3
    ☎ → 5
    🔑 → 8

54. Cecília comprou 4 dezenas de copos para uma festa. Mas durante a festa 18 copos foram quebrados. Quantos copos restaram?
    $40 - 18 = 22$
    Restaram 22 copos.

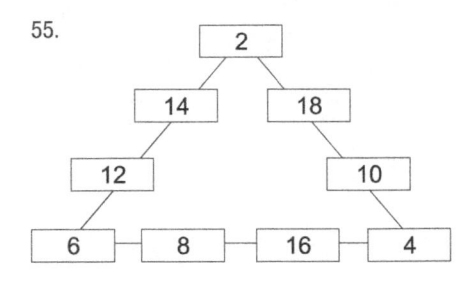

55. 2 / 14, 18 / 12, 10 / 6, 8, 16, 4

56. 9 dias, porque no nono dia ela já alcança o alto do muro.

57. Faltam dados no enunciado para que seja possível resolver esse problema.

58. Esse é um problema com informações em excesso.
    $7 \times 5 = 35$ cadernos
    $35 \times 3 = 105$ reais
    Ela pagou 105 reais pelos 35 cadernos.

59.
QUANTIDADE	ITENS	PREÇO TOTAL
3	IOGURTE	9,00
5	ÓLEO	20,00
1	ARROZ	6,00
4	MANTEIGA	8,00
6	REFRIGERANTE	18,00
	TOTAL	61,00

60.
12	16	20	24	28	32	36
2	4	8		16		32

61. 6 horas.

62. Restaram 205 passageiros.

63.
24	4	32
28	20	12
8	36	16

64. 4 galinhas.

65. Patrícia leu 145 páginas de um livro. Mas ainda faltam 124 para serem lidas. Quantas páginas tem o livro?
    Solução: $145 + 124 = 269$ páginas.

PROBLEMATECA | RESPOSTAS

66. Sou o número 73.

67.

TV	4	7	3
RÁDIO	2	0	2
TOTAL	6	7	5

(LOJA DA VILA)

68. São muitas as respostas. Algumas delas estão no quadro:

TARSILA	ANITA	MARIANA
3	3	3
3	2	4
4	2	3
5	2	2
7	1	1

69. 11 laranjas.

70.

	A	B	C	D
A	2	9		
B		3	6	
C	2		3	2
D	1	2		4

71.

```
            [ 212 ]
        [ 94 ][ 118 ]
      [ 37 ][ 57 ][ 61 ]
    [ 23 ][ 14 ][ 43 ][ 18 ]
```

72. Há muitas respostas. Algumas delas são:
30 + 10 + 5 + 1
23 + 23
23 × 2
15 + 31
35 + 11
55 − 9
92 : 2
...

73. Há muitas possibilidades de resposta. Algumas delas são:
5 + 5 + 5 + 5 = 20
10 + 10 = 20
5 × 5 − 5 = 20
25 − 5 = 20
...

74. Os preços das duas peças são diferentes. No preço da mochila, o algarismo 3 corresponde a 3 dezenas, que é igual a 30 reais.
No preço do agasalho, o algarismo 3 corresponde a 3 centenas, que é igual a 300 reais.

75. Franco errou no cálculo da divisão.

```
  124 | 4
− 12  | 31
  ———
   04
 − 04
  ———
   00
```

Em cada ônibus viajam 31 passageiros.

76. a) 3 + 7 × 9 − 2 = 64 ou 3 + 9 × 7 − 2 = 64
b) 4 + 6 × 8 − 2 = 50 ou 4 + 8 × 6 − 2 = 50
c) Somar 6 ao produto de 2 e 4 e subtrair 8, ou 6 + 2 × 4 − 8 = 6 ou 6 + 4 × 2 − 8 = 6.

Números e operações | 93

PROBLEMATECA | RESPOSTAS

77. a) Números palíndromos são números que, lidos da direita para a esquerda ou da esquerda para a direita, não se modificam.
    b) Os números palíndromos de dois algarismos são: 11, 22, 33, 44, 55, 66, 77, 88 e 99.
    c) Usando os algarismos 4, 5 e 6, podemos formar os números: 444, 454, 464, 555, 545, 565, 666, 646 e 656.

78. Alternativa **a**.

79. Ela deverá pegar três partes.

80.
```
      6 3 2
    x   3 6
    -------
      3 7 9 2
    1 8 9 6 0  +
    ---------
    2 2 7 5 2
```

81. Não se pode ter certeza de que a resposta esteja correta, pois há três possibilidades:
    1ª) vvvvv e aaaaa;
    2ª) vaaaa e avvvv;
    3ª) vvaaa e aavvv.

82. Paula tem 30 anos.

83. 521, porque:
    $20 \div 5 \times 2 + 1 = 9$

84. A vareta poderá estar em vários lugares diferentes. Faltam dados para afirmar com certeza que lugar é esse.

85. Júlia queria comprar o DVD do Homem-Aranha, mas só tinha R$ 15,00, quantia insuficiente para fazer a compra. Guardou o dinheiro e, em seu aniversário, ganhou R$ 150,00 de seus avós e um pouco menos de sua madrinha: R$ 100,00. Será que agora ela poderá comprar um MP3 player de R$ 200,00, o DVD do Homem-Aranha e ainda ficar com R$ 30,00? Depende. Isso só acontecerá se ela pagar R$ 35,00 pelo DVD.

86. a) 8
    b) 8

87. Serão 6 jogos.

88. O número 16 deverá ficar na 2ª linha, porque é par, e o 21 na 1ª, por ser ímpar.

89. A temperatura média mais baixa foi no 2º dia, e a média foi de 5 °C.

90. A escada tem 23 degraus.

91.

9	4	5
2	6	10
7	8	3

92. Raquel e Paulo; Renata e Beto; Lígia e Márcio.

93. $7 + 7 \div 7 + 7 = 15$ ou
    $7 \div 7 + 7 + 7 = 15$ ou
    $7 + 7 + 7 \div 7 = 15$

    $7 \div 7 + 7 \div 7 = 2$

94. Uma resposta possível é saber quanto custou e o preço de venda da bicicleta.

95. a) Respostas possíveis:
    $4 + 3 - 1 + 2 = 8$ ou
    $2 + 3 - 1 + 4 = 8$ ou
    $4 + 2 - 1 + 3 = 8$
    b) $8 + 6 - 2 + 4 = 16$
    Há outras soluções, mas em todas elas deve-se, sempre, subtrair o número 2.

96. O número em cada casa é a soma dos dois números anteriores. Os números que faltam são: $55 = 34 + 21$ e $89 = 55 + 34$.

97. a) 2×60, 4×30, 6×20, 12×10
    b) Não é possível, porque o produto de dois números ímpares é ímpar.
    c) 1×120, 3×40, 5×24, 8×15
    d) Não é possível, porque o produto de três números ímpares é ímpar.
    e) $3 \times 5 \times 8$
    As condições **b** e **d** não têm solução, e isso foi justificado nas respostas.

98. Uma forma de contar é:
    - de 1 a 79 são usados 8 algarismos 8;
    - de 90 a 100 é usado mais 1 algarismo 8;
    - de 80 a 89 aparecem 11 algarismos 8.

    No total, são 20 algarismos 8.

99. São 6 possibilidades:
    2 filas de 12 pessoas;
    3 filas de 8 pessoas;
    4 filas de 6 pessoas;
    6 filas de 4 pessoas;
    8 filas de 3 pessoas;
    e 12 filas de 2 pessoas.

100. $3 \times 37 = 111$
     $6 \times 37 = 222$
     $9 \times 37 = 333$
     $12 \times 37 = 444$
     $15 \times 37 = 555$
     $18 \times 37 = 666$

101. Não mudou a quantidade de cadeiras e agora há 138 cadeiras na primeira sala e 102 na segunda sala.

102. 18 horas, porque um homem cava 1/6 do buraco em 6 horas, daí ele precisa de 36 horas para fazer o buraco inteiro e 18 horas para fazer meio buraco.

PROBLEMATECA | RESPOSTAS

103. Sou o círculo.

104. Sou o quadrado ou o losango.

105. A medida de partes do corpo varia de pessoa para pessoa. Provavelmente, a mais alta seja Joana, por ter os passos maiores – suas pernas podem ser mais compridas que as de Isabel.

106.

107.

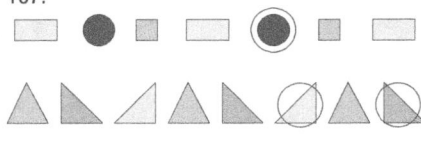

108. Sou o retângulo.

109. A fruta mais pesada é o melão.
A fruta mais leve é o abacate.

110.

111. a) As figuras amarelas têm 4 lados e 4 vértices.
b) As figuras de 3 lados estão pintadas de azul. Elas têm 3 vértices.
c) A figura de 5 lados chama-se pentágono e está pintada de vermelho. Ela tem 5 vértices.
As outras figuras são: o círculo (verde) e uma figura de 6 lados e 6 vértices chamada de hexágono (rosa).

112. Caixa **B**.

113. 1º aniversariante: Pedro.
2º aniversariante: Paulo.
3º aniversariante: Joana.

114. O retângulo.

115. a) quadrado
b) triângulo
c) círculo

116.

	ESFERA	CUBO	CILINDRO	PARALELEPÍPEDO
LETÍCIA			X	
PATRÍCIA		X		
PEDRO				X
AUGUSTO	X			

117. Caixa **A**: cilindro.
Caixa **B**: octaedro ou poliedro com 8 faces.
Caixa **C**: cone.

118. 12 copos de água.

119. Os dois têm a mesma massa: 1 kg.

120. A goiabada tem massa maior que 1 kg e menor que 2 kg.

121. José fez a pipa **B** com figura de 6 lados.
Pedro fez a pipa **A** com figura de 4 lados.
Carlos fez a pipa **C** com figura de 5 lados.

122. A caixa que ela comprou tem o formato de um paralelepípedo. Ou ela comprou a caixa verde.

123. Primeira porta: o retângulo.
Segunda porta: o paralelepípedo.
Terceira porta: o cubo.
Quarta porta: o triângulo.

124. Respostas possíveis:
Primeiro ele deverá encher o garrafão e, depois, passar uma parte da água do garrafão para a jarra, até completá-la (2 litros). Assim, sobrarão 3 litros de água no garrafão.
Para encher a jarra com 1 litro de água, Pedro precisará encher o garrafão e depois passar a água para a jarra (2 litros) por duas vezes. Assim, restará 1 litro de água no garrafão, que pode ser colocado na jarra.

125.

	■	●	▲	⬠
LALÁ			X	
BIA				X
ZÉ		X		
LELÊ	X			

126. Esse problema admite várias soluções; algumas delas são:
  • guepardo e zebra;
  • 6 guepardos;
  • 5 agulhões-de-vela;
  • 20 macacos;
  • 10 macacos e 3 guepardos;
  • ...;
  • 1 tigre.

127.

1º A SAIR DE CASA	Matheus
2º A SAIR DE CASA	Cláudio
3º A SAIR DE CASA	Clara
4º A SAIR DE CASA	Joana

128. Esteves – 39 kg.
Saulo – 45 kg.
Rique – 42 kg.
Emílio – 41 kg.
Joaquim – 44 kg.

129. Antônio – vôlei – 4:30.
Wilson – futebol – 5:00.
Maurício – natação – 7:30.

130. Giraldes – 9:00.
Isabel – 10:30.
Manoela – 12:00.
Júlia – 13:30.
Pedro – 15:00.

131. A planificação azul não é de um cubo.

132. A: quadrado e hexágono.
B: círculo e triângulo.
C: pentágono e retângulo.
Ou
A: pentágono e hexágono.
B: círculo e triângulo.
C: retângulo e quadrado.

133. A: cone e pirâmide.
B: esfera e cilindro.
C: cubo e bloco retangular (paralelepípedo).

134. Hoje é sexta-feira.

135. Provavelmente, de um prisma retangular ou de um cubo.

136. O cone tem como vista superior o círculo; o cubo tem como vista superior o quadrado; e a pirâmide tem como vista superior o retângulo.

137. Serão 8 losangos (cada 2 triângulos verdes formam um losango) e 16 triângulos.

PROBLEMATECA | RESPOSTAS

138. Os polígonos obtidos são quadrados, têm os lados de mesma medida e os quatro ângulos retos.

139. Temos várias possibilidades.
Se os lados medirem 4 cm, 4 cm, 5 cm e 6 cm, o perímetro será 19 cm.
Se medirem 4 cm, 5 cm, 5 cm e 6 cm, será 20 cm.
Se tiverem 4 cm, 5 cm, 6 cm e 6 cm, o perímetro será de 21 cm.

140. 19 quadrados azuis e 38 triângulos verdes.

141. Só a borboleta tem um eixo de simetria vertical, que passa pelo meio do seu corpo.

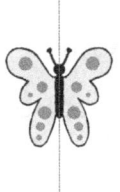

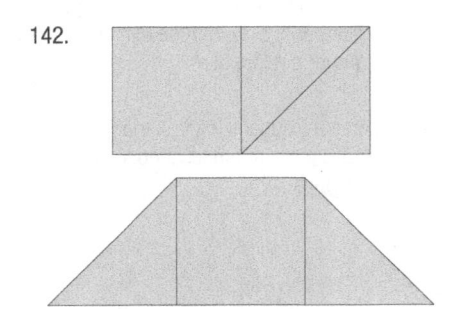

142.

143. Cilindro.

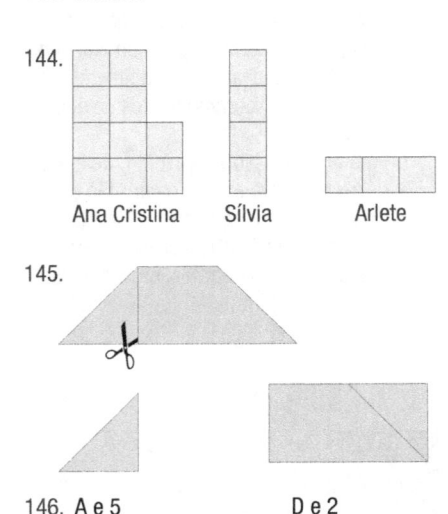

144. Ana Cristina   Sílvia   Arlete

145.

146. A e 5   D e 2
 B e 4   E e 6
 C e 1   F e 3.

147. Em um, as faces laterais são retângulos e, no outro, são triângulos.
As bases são hexagonais.
Prisma e pirâmide de base hexagonal.

148. Esse sólido é uma pirâmide de base quadrada ou retangular. Ele tem 5 faces, 5 vértices e 8 arestas.

149. Ela não chegou à lanchonete. Para chegar à lanchonete, quando estava na rua do clube ela deveria ter virado à esquerda, não à direita.

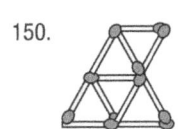

150.

151. Como o cubo tem 12 arestas, ela gastará 12 × 10 cm, que são 120 cm.

PROBLEMATECA | RESPOSTAS

152. Dois dos eixos de simetria são as diagonais e dividem o quadrado em dois triângulos retângulos. Os outros dois eixos passam pela metade dos lados opostos; portanto, dividem o quadrado em dois retângulos.

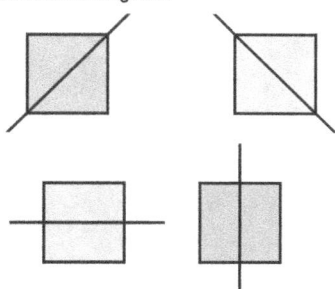

153. Somente na figura **d**, pois as outras figuras podem ter mais de quatro linhas paralelas entre si, o que significa, com certeza, que elas têm quatro linhas paralelas.

154. É o desenho **C**; em todos os outros desenhos, um quadrado vai se sobrepor a outro quando se tentar montar o sólido, e alguma face ficará faltando.

155. Ele errou ao mandar fazer um giro de meia-volta. Ele também errou ao mandar virar ora para a direita, ora para a esquerda. Para fechar o retângulo deve virar sempre para o mesmo lado.

156. Só a **C** não representa uma pirâmide de base quadrada.

157. O quadrado tem 3 cm de lado, e os retângulos têm 1 cm e 5 cm ou 2 cm e 4 cm.

158. A estrela de 5 pontas e o quadrado.

159.

NÚMERO DE LADOS DA BASE DA PIRÂMIDE	NÚMERO DE VÉRTICES DA PIRÂMIDE
3	4
4	5
5	6

Uma pirâmide de 10 vértices tem a base com 9 lados.

160. É o relógio.
   60 min = 1 h e 12 h + 12 h = 24 h ou 0 h

Sugestões de leitura

Publicações em que se encontram outros exemplos de problemas não convencionais

Livros

BERLOQUIN, P. *100 jogos lógicos*. Lisboa: Gradiva, 1991.

BERTON, I.; ITACARAMBI, R. *Números, brincadeiras e jogos*. São Paulo: Livraria da Física, 2009.

DANTE, L. R. *Didática da resolução de problemas de matemática*. São Paulo: Ática, 1996.

GONIK, J. *Truques e quebra-cabeças com números*. São Paulo: Tecnoprint, 1978.

GWINNER, P. *"Pobremas":* enigmas matemáticos. Petrópolis: Vozes, 1990. v. I, II, III.

IMENES, L. M. *Problemas curiosos*. São Paulo: Scipione, 1989.

JULIUS, E. H. *Aritmetruques*. Campinas: Papirus, 1997.

KRULIK, S. et al. *A resolução de problemas na matemática escolar*. São Paulo: Atual, 1997.

SNAPE, C.; SCOTT, H. *Enigmas matemáticos*. Lisboa: Gradiva, 1994.

TOVAR, P. C. (Org.). *O livro de ouro de quebra-cabeças*. São Paulo: Tecnoprint, 1978.

TYLER, J.; ROUND, G. *Enigmas com números*. Lisboa: Gradiva, 1980.

Revistas

CIÊNCIA HOJE DAS CRIANÇAS. Rio de Janeiro: Sociedade Brasileira para o Progresso da Ciência, 1986-.

GALILEU. São Paulo: Globo, 1991-.

SUPERINTERESSANTE. São Paulo, Abril, 1987-.

Referências

BORASI, R. The invisible hand operating in Mathematics instruction: students' conceptions and expectations. In: BROWN, S. I.; WALTER, M. I. (Ed.). *Problem posing*: reflections and applications. New York: Taylor & Francis, 1993.

BRASIL. Ministério da Educação e do Desporto. Secretaria de Educação Fundamental. *Parâmetros Curriculares Nacionais*. Brasília: MEC/SEF, 1997.

COLL, C. et al. *O construtivismo na sala de aula*. São Paulo: Ática, 1997.

COLL, C. et al. *Psicologia e currículo*. São Paulo: Ática, 1996.

DINIZ, M. I. Resolução de problemas e comunicação. In: SMOLE, K. S.; DINIZ, M. I. (Org.). *Ler, escrever e resolver problemas*: habilidades básicas para aprender matemática. Porto Alegre: Artmed, 2001.

POLYA, G. *A arte de resolver problemas*. Rio de Janeiro: Interciência, 1978.

STANCANELLI, R. Conhecendo diferentes tipos de problemas. In: SMOLE, K. C. S.; DINIZ, M. I. S. V. *Ler, escrever e resolver problemas*: habilidades básicas para aprender matemática. Porto Alegre: Artmed, 2001.

LEITURAS RECOMENDADAS

BRANCA, N. A. Resolução de problemas como meta, processo e habilidade básica. In: KRULIK, S.; REYES, R. E. (Org.). *A resolução de problemas na matemática escolar*. São Paulo: Atual, 1997.

NATIONAL COUNCIL OF TEACHERS OF MATHEMATICS. *Curriculum and Evaluation Standards for School Mathematics*. Columbia: CSMC, 1989. Disponível em: <http://www.mathcurriculumcenter.org/PDFS/CCM/summaries/standards_summary.pdf>. Acesso em: 20 out. 2015.

PARRA, C.; SAIZ, Irma (Org.). *Didática da matemática*: reflexões psicopedagógicas. Porto Alegre: Artmed, 1996.

POZO, J. I. (Org.). A solução de problemas: aprender a resolver, resolver para aprender. Porto Alegre: Artmed, 1998.

SANTOS TRIGO, L. M. *Principios y métodos de la resolución de problemas en el aprendizaje de las matemáticas*. [S. l.]: Iberoamérica, 1997.

STERNBERG, R. J. *Psicologia cognitiva*. Porto Alegre: Artmed, 2000.

VAN DE WALLE, J. A. *Elementary and middle school mathematics*: teaching developmentally. 4th ed. New York: Addison Wesley Longman, 2000.